Stadtforschung aktuell

Reihe herausgegeben von

Hellmut Wollmann, Institut für Sozialwissenschaften, Humboldt-Universität zu Berlin, Berlin, Deutschland

Sabine Kuhlmann, Wirtschafts- und Sozialwissenschaft, Universitat Potsdam, Potsdam, Deutschland

Jörg Bogumil, Fakultät für Sozialwissenschaft, Ruhr-Universität Bochum, Bochum, Deutschland

Die in den frühen 1980er Jahren begründete Schriftenreihe verfolgt das Ziel, als publizistisches Sprachrohr einer praxisnahen Kommunal- und Regionalforschung zu dienen und eine breite Leser*innenschaft in Wissenschaft, Lehre und Praxis anzusprechen. Angesichts der vielfältigen Herausforderungen und Krisen, mit denen lokale und regionale Politik ("all politics are local") zunehmend konfrontiert sind, wird die publizistische (und darüber hinaus politische) Aufgabe der Schriftenreihe wichtiger und dringlicher denn je.

David Sipple · Arnim Wiek · Heiner Schanz
(Hrsg.)

Nachhaltige Gestaltung von lokalen Ernährungssystemen durch Kommunalpolitik und -verwaltung

 Springer VS

Hrsg.
David Sipple
Universität Freiburg
Freiburg, Deutschland

Arnim Wiek
Universität Freiburg
Freiburg, Deutschland

Heiner Schanz
Universität Freiburg
Freiburg, Deutschland

ISSN 2629-6373   ISSN 2629-6381   (electronic)
Stadtforschung aktuell
ISBN 978-3-658-42719-1   ISBN 978-3-658-42720-7   (eBook)
https://doi.org/10.1007/978-3-658-42720-7

Die Deutsche Nationalbibliothek verzeichnet diese Publikation in der Deutschen Nationalbibliografie; detaillierte bibliografische Daten sind im Internet über http://dnb.d-nb.de abrufbar.

Planung/Lektorat: Jan Treibel
Springer VS ist ein Imprint der eingetragenen Gesellschaft Springer Fachmedien Wiesbaden GmbH und ist ein Teil von Springer Nature.
Die Anschrift der Gesellschaft ist: Abraham-Lincoln-Str. 46, 65189 Wiesbaden, Germany

Das Papier dieses Produkts ist recyclebar.

Wir danken für die finanzielle Unterstützung durch den Open Access Publikationsfonds der Universität Freiburg.

Die Arbeiten an dieser Publikation wurden mit Mitteln des Bundesministerium für Bildung und Forschung im Rahmen der Fördermaßnahme „KERNiG – Kommunale Ernährungssysteme als Schlüssel zu einer umfassend-integrativen Nachhaltigkeits-Governance" gefördert (FKZ 01UR2014).

GEFÖRDERT VOM

Zudem wurde die Publikation vom Social Sciences and Humanities Research Council Canada über das Projekt „TRANSFORM – Accelerating Sustainability Entrepreneurship Experiments at the Local Scale" unterstützt (Grant no. 50658-10029).

Vorwort

Städte sind aufgrund ihrer Siedlungsstruktur, Arbeitsteilung und Bevölkerungsdichte in der Sicherung ihrer Ernährung schon immer auf ihr jeweiliges Umfeld angewiesen. Die Beziehung zwischen Stadt und Umfeld muss entsprechend koordiniert und geregelt werden. Einer einfachen Regelung der Stadt-Land-Beziehungen steht heute die Delokalisierung moderner Ernährungssysteme entgegen: die Produktion von und Versorgung mit Lebensmitteln ist heute hochgradig arbeitsteilig (horizontal nach Lebensmitteltypen, vertikal nach Wertschöpfungsstufen) und multiskalar (lokal, regional, global) über Märkte strukturiert, die sich scheinbar einer aktiven Steuerung durch Kommunalpolitik und -verwaltung entziehen. Gleichzeitig hat sich seit Ende der 1980er Jahre auch in Deutschland eine vor allem zivilgesellschaftlich initiierte Gegenbewegung etabliert, um Ernährungspolitik wieder auf die kommunale Ebene zurückzubringen. Dies wird durch die Netzwerke der „Citta Slow"-Bewegung seit 2001 und der „Bio-Städte" seit 2010, und vor allem durch das Aufkommen von Ernährungsräten seit 2016 weiter befördert.

Die Frage aber, ob sich über das Themenfeld Ernährung auch kommunale Nachhaltigkeitstransformationen initiieren und gestalten lassen, wie sie Kommunen heute bereits in den Bereichen Energie und Mobilität umsetzen, blieb bisher weitgehend unbearbeitet. Schätzungen zufolge verursacht der Bereich der Ernährung im Durchschnitt rund ein Drittel des ökologischen Fußabdrucks. Kommunale Ernährungssysteme könnten daher als wichtiger Schlüssel für kommunale Transformationsprozesse verstanden werden. Dies setzt allerdings voraus, dass Ernährungssysteme systemisch erfasst und analysiert werden. Zum Verständnis notwendig sind das Erfassen des Zusammenwirkens stofflich-energetischer, räumlicher, technischer, politischer, institutioneller, sozio-kultureller und ökonomischer Strukturen und Prozesse, d. h. die Vielfalt aller ernährungsbezogenen Aktivitäten und Beziehungen zwischen allen relevanten Akteursgruppen in einer Kommune, von der Stadtverwaltung über

Unternehmen, Vereine und Initiativen bis zu den Bürger*innen, von der Produktion, über die Verarbeitung, Versorgung, Zubereitung bis hin zu Konsum und Entsorgung von Nahrungsmitteln in den Kommunen.

Im Rahmen des transdisziplinären Forschungs- und Entwicklungsvorhaben „KERNiG – Kommunale Ernährungssysteme als Schlüssel zu einer umfassend-integrativen Nachhaltigkeits-Governance" wurde in den Jahren 2016 bis 2020 am Beispiel und in Zusammenarbeit mit den beiden Städten Leutkirch im Allgäu und Waldkirch im Breisgau untersucht, wie Kommunen das Themenfeld Ernährung in ihre kommunalpolitische Agenda als Querschnittsthema aufnehmen und umfassende Prozesse der kommunalen Nachhaltigkeitstransformation initiieren und verstetigen können. Das KERNiG-Projekt wurde vom Bundesministerium für Bildung und Forschung (BMBF) im Förderschwerpunkt „Sozial-Ökologische Forschung" (SÖF) gefördert und war Teil der Leitinitiative Zukunftsstadt für eine nachhaltige Stadtentwicklung. Am Projekt beteiligt waren neben den Städten Leutkirch und Waldkirch die Universitäten Freiburg und Kassel, die Zeppelin Universität sowie das Forschungsinstitut für Biologischen Landbau (FiBL) in Frick/Schweiz und das Forschungs- und Beratungsnetzwerk „NAHhaft – zukunftsfähige Ernährungsstrategien in Städten".

Die Ergebnisse des KERNiG-Projekts wurden in drei Dissertationen, zahlreichen wissenschaftlichen Artikeln sowie in praxisorientierten Handlungsleitfäden und Handbüchern der Öffentlichkeit zugänglich gemacht.[1] Die beiden KERNiG-Projektstädte Leutkirch im Allgäu und Waldkirch im Breisgau sind von ihrer Größe mit je rund 23.000 Einwohner*innen repräsentativ für die Lebenswirklichkeit eines Großteils der deutschen Bevölkerung, sind doch rund 60 % der deutschen Bevölkerung in Städten und Gemeinden mit weniger als 50.000 Einwohner*innen gemeldet. Allerdings liegen beide Projektstädte in einem eher ländlich geprägten Gebiet mit guter sozio-ökonomischer Lage. Viele ländliche Kreisregionen in Deutschland sind diesbezüglich deutlich schlechter gestellt, wodurch sich die betroffenen Kommunen mit gänzlich anderen Phänomenen, wie Überalterung und Bevölkerungswegzug, konfrontiert sehen.

Um die KERNiG-Ergebnisse auf eine größere Zahl von Kommunen in Deutschland übertragen zu können, hat das BMBF deshalb in den Jahren 2020–2022 in einer zweiten Projektphase mit dem Projekt „WISSENS.KERNiG" in

---

[1] Siehe Tab. 1, S. 28–29 im Beitrag „Hebelpunkte der Kommunalpolitik und -verwaltung zur nachhaltigen Gestaltung lokaler Ernährungssysteme" des vorliegenden Sammelbandes.

Kooperation mit dem Deutschen Städte- und Gemeindebund eine systematische Aufarbeitung der Erfahrungen aus KERNiG gefördert. Der vorliegende Band fasst diese Ergebnisse zusammen.

KERNiG und WISSENS.KERNiG wären ohne das Engagement und die Zusammenarbeit zahlreicher Menschen nicht möglich gewesen. Zu danken ist dabei zuallererst jenen, die in Bürgerforen, Gemeinderatssitzungen, auf Marktplätzen, bei Workshops, in Arbeitskreisen und im Projektbeirat die Umsetzung des Projekts ermöglicht haben. Ein besonderer Dank gilt den beiden Oberbürgermeistern, Roman Götzmann aus Waldkirch (a.D.) und Hans-Jörg Henle aus Leutkirch, für ihre politische Weitsicht, sich zusammen mit ihren Gemeinderäten auf ein Projekt mit ungewissem Ausgang eingelassen und durch ihren persönlichen Einsatz über die gesamte Projektlaufzeit zu konkreten Ergebnissen beigetragen zu haben. Eng damit verbunden ist der Dank an die beiden Projektverantwortlichen in den jeweiligen Kommunalverwaltungen, Detlev Kulse als Leiter des Stadtplanungsamts in Waldkirch und Michael Krumböck als Umweltbeauftragter der Stadt Leutkirch, sowie den kommunalen Projektmitarbeiterinnen Laura Holzhofer, Anja Thome, Carola Schraff und Nadine Zettlmeißl.

Schließlich geht der Dank an alle Forschungspartner, Alexander Schrode – von dem der ursprüngliche Anstoß zum Projekt kam – und Timo Eckhardt von NAHhaft, Heidrun Moschitz und Matthias Meier vom FiBL, Andreas Ernst, Johanna Quendt und Iris Joschko vom Center for Environmental System Research der Universität Kassel, Lucia Reisch und Sabine Bietz vom Forschungszentrum Verbraucher, Markt und Politik der Universität Kassel, Daniela Kleinschmit und Sylvia Kruse vom Institut für Forst- und Umweltpolitik der Universität Freiburg, Michael Pregernig und Benjamin Hennchen von der Professur Sustainability Governance der Universität Freiburg, sowie Alexander Handschuh vom Deutschen Städte- und Gemeindebund. Den vermutlich größten Verdienst um den Projekterfolg und damit Dank haben sich jedoch die Projektkoordinatoren Barbara Degenhart, Jana Baldy und David Sipple verdient – wer sich mit transdisziplinärer Forschung auskennt, weiß, was es heißt, ein so komplexes Projekt koordiniert zu haben.

Freiburg   Heiner Schanz,
im Juni 2023   Projektsprecher KERNiG und
                                                                              WISSENS.KERNiG

Inhaltsverzeichnis

Ernährung als Aufgabe der kommunalen Daseinsvorsorge? 1
Heiner Schanz und David Sipple
1   Einleitung 2
2   Ernährungssicherheit, Versorgungswüsten und Nachhaltigkeit 3
3   Kommunale Daseinsvorsorge und Ernährung. 7
4   Fazit und Ausblick 12
Literatur. 14

Hebelpunkte der Kommunalpolitik und -verwaltung
zur nachhaltigen Gestaltung lokaler Ernährungssysteme 21
David Sipple und Heiner Schanz
1   Einleitung 21
2   Systemische Perspektive auf Ernährung im
    kommunalen Kontext 24
3   Methodischer Ansatz. 25
    3.1   Kausalschleifendiagramme (CLDs) zur Ableitung von
          Systemarchetypen 25
    3.2   Modellierung eines lokalen Ernährungssystems 26
4   Ergebnis: Dynamiken und Hebelpunkte eines
    lokalen Ernährungssystems. 30
    4.1   Ernährungsbildung als Reaktion auf negative
          Auswirkungen des Ernährungssystems 32
    4.2   Fehlendes Angebot für nachhaltige Ernährung vor Ort 33
    4.3   Hebelpunkte zur nachhaltigen Gestaltung lokaler
          Ernährungssystemen 34
    4.4   Kommunalpolitische Spielräume für die Gestaltung
          nachhaltiger Ernährungssysteme 35

5   Fazit und Ausblick 37
Literatur.. 38

**Steuerbarkeit des Ernährungssystems durch Kommunalpolitik
und -verwaltung** 45
David Sipple, Arnim Wiek und Sophia McRae
1   Problemstellung 46
2   Stand der Forschung 48
3   Der Leitfaden „Kommunale Instrumente
    für die nachhaltige Ernährungswirtschaft".................. 52
4   Herausforderungen und weiterer Forschungs- und
    Schulungsbedarf 60
Literatur.. 62

**Integration von kommunalen Instrumenten zur nachhaltigen
Entwicklung der lokalen Ernährungswirtschaft – Beispiele
aus Leipzig und Leutkirch** 69
Arnim Wiek, David Sipple, Sebastian Pomm, Michael Krumböck und
Hans-Jörg Henle
1   Einleitung 70
2   Was sind integrative/systemische Ansätze zur Förderung
    der lokalen nachhaltigen Ernährungswirtschaft? 71
3   Integrativer Ansatz zur Förderung der lokalen nachhaltigen
    Ernährungswirtschaft in der Stadt Leipzig 73
4   Integrativer Ansatz zur Förderung der lokalen nachhaltigen
    Ernährungswirtschaft in der Stadt Leutkirch 79
5   Schlussfolgerungen... 84
Literatur.. 87

**Kommunale Unternehmen der Ernährungswirtschaft –
Konzeptionelle Grundlagen am Beispiel des Geschäftsmodells
einer *Kommunalen Ernährungsmeisterei*** 93
David Sipple, Martin Ritter und Heiner Schanz
1   Einleitung 94
2   Theoretische Grundlagen der Entwicklung von
    Geschäftsmodellen 97
3   Die Kommunale Ernährungsmeisterei: Hintergrund und
    Handlungsfelder 99
    3.1   Handlungsfeld Gemeinschaftsverpflegung 100

3.2   Handlungsfeld Ernährungsbildung 102
3.3   Handlungsfeld Fachkräfteförderung 103
4   Konzeption des Geschäftsmodells der Kommunalen
    Ernährungsmeisterei 104
5   Fazit und Ausblick 107
Literatur. 108

**Perspektiven der nachhaltigen Gestaltung des lokalen
Ernährungssystems durch Kommunalpolitik und -verwaltung** 115
David Sipple, Arnim Wiek und Heiner Schanz
1   Rückblick: Ernährung wird zum Thema nachhaltiger
    Kommunalpolitik 116
2   Die Rolle von Kommunalpolitik und -verwaltung bei der
    nachhaltigen Gestaltung des lokalen Ernährungssystems –
    Befunde aus verschiedenen Perspektiven 117
3   Handlungs- und Forschungsbedarf 119
Literatur. 120

Herausgeber- und Autorenverzeichnis

Über die Herausgeber

David Sipple Universität Freiburg, Freiburg, Deutschland

Arnim Wiek Universität Freiburg, Freiburg, Deutschland

Heiner Schanz Universität Freiburg, Freiburg, Deutschland

Autorenverzeichnis

Hans-Jörg Henle Stadt Leutkirch im Allgäu, Leutkirch, Deutschland

Michael Krumböck Stadt Leutkirch im Allgäu, Leutkirch, Deutschland

Sophia McRae Universität Freiburg, Freiburg, Deutschland

Sebastian Pomm Stadt Leipzig, Leipzig, Deutschland

Martin Ritter Universität Freiburg, Freiburg, Deutschland

Ernährung als Aufgabe der kommunalen Daseinsvorsorge?

Heiner Schanz und David Sipple

Zusammenfassung

Bisher betrachten nur wenige Kommunen in Deutschland den Ernährungsbereich als Teil ihres kommunalen Wirkungsfeldes. Dabei reichen die Aufgaben von Städten und Gemeinden, beispielsweise im Bereich der öffentlichen Beschaffung, durchaus in ernährungsrelevante Bereiche hinein. Dieser Beitrag zeigt zunächst auf, welche kommunalen Wirkungsfelder im Bereich der Ernährung bereits heute bestehen. Dann wird Ernährung im Kontext der *kommunalen Daseinsvorsore* betrachtet. Dies erfolgt auch anhand zweier illustrativer Beispiele aus der kommunalen Praxis. Angesichts des Strukturwandels der Land- und Ernährungswirtschaft, der zunehmenden negativen ökologischen, ökonomischen und sozialen Auswirkungen des Ernährungsbereiches, sowie Fragen der Ernährungssicherheit auf lokaler Ebene, diskutiert der Beitrag Ernährung als potenzielle Aufgabe der kommunalen Daseinsvorsorge.

H. Schanz (✉) · D. Sipple
Universität Freiburg, Freiburg, Deutschland
E-Mail: heiner.schanz@envgov.uni-freiburg.de

D. Sipple
E-Mail: david.sipple@vwl.uni-freiburg.de

© Der/die Autor(en) 2024   1
D. Sipple et al. (Hrsg.), *Nachhaltige Gestaltung von lokalen Ernährungssystemen durch Kommunalpolitik und -verwaltung,* Stadtforschung aktuell, https://doi.org/10.1007/978-3-658-42720-7_1

1   Einleitung

Kommunen in Mitteleuropa ernähren sich, indem sie einkaufen (Sipple 2022).
Vor allem in den Städten, aber auch in vielen Gemeinden des ländlichen Rau-
mes stehen der Bevölkerung scheinbar selbstverständlich Einkaufsmöglichkeiten
zur Versorgung mit Lebensmitteln zur Verfügung. Ohne dass dies näher durch
staatliche Stellen koordiniert scheint, bietet vor allem der Lebensmitteleinzel-
handel eine Vielzahl von Gütern des kurz-, mittel- und langfristigen Bedarfs an,
teilweise in Kombination mit und unter Inanspruchnahme von Dienstleistungen
(Kühn 2011). Tatsächlich ist „in einer freiheitlichen Ordnung wie der sozialen
Marktwirtschaft in Deutschland die Versorgung mit den notwendigen Gütern und
Dienstleistungen grundsätzlich nicht Aufgabe des Staates, sondern eine solche der
Bürger" (Henneke 2009, S. 17). Handel und Logistik sichern die Versorgung mit
Nahrungsmitteln. Ernährung ist entsprechend für die meisten Städte und Gemeinden in Deutschland – abgesehen von raumplanerischen Fragen der Ansiedlung
des (Lebensmittel-)Einzelhandels und der Vergabe von Aufträgen im Rahmen
des öffentlichen Beschaffungswesens – ein kommunalpolitisch weitgehend un-
bearbeitetes Feld (Schanz et al. 2020). Dieser Umstand wird verstärkt durch die
Mehrheit der Bürger*innen, die Ernährung als privates Thema wahrnimmt, in das
sich staatliche Akteur*innen möglichst nicht einmischen sollten (BMEL 2022).

Gleichzeitig weisen Historiker jedoch darauf hin, dass die Versorgung der Bürger*innen mit den zum Leben notwendigen Grundnahrungsmitteln seit dem Mit-
telalter zur ureigensten Aufgabe der Kommunen gehörte, „die über Jahrhunderte
die Ernährung mit Obst und Gemüse, mit Milch, Brot und Fleisch durch die Or-
ganisierung des Marktwesens und durch die Ansiedlung der entsprechenden Zahl
der einschlägigen Handwerker gewährleisteten" (Lackner 2004, S. 90). Mit dem
Aufkommen des industriell-technischen Fortschritts übernahmen die Kommunen
als Träger der lokalen Verwaltung die Daseinsvorsorge für ihre Bürger*innen. Besonders expandierende Bereiche der Daseinsvorsorge waren u. a. Schlachthöfe
und Markthallen (Henneke 2009). Insbesondere in Krisen- und Kriegszeiten rück-
ten Fragen der Sicherung der Lebensmittelversorgung immer wieder verstärkt
in den Fokus kommunalpolitischer Anstrengungen (Meier 2020). So wird unter
anderem die Gründung des deutschen Landkreistags im Jahr 1916 unmittelbar
der Einsicht in die Notwendigkeit der Zusammenarbeit während des Ersten Welt-
kriegs bei der Sicherung der Ernährung über das jeweilige Kommunalgebiet hinaus zugeschrieben (Henneke 2009).

Spätestens seit den 1990er Jahren führten dann massive Konzentrationspro-
zesse im Lebensmitteleinzelhandel zu einem starken Rückgang der ortsansässigen, inhabergeführten Lebensmitteleinzelhandelsbetriebe (Jürgens 2017) und
Lebensmittelhandwerksbetriebe (Sipple und Schanz 2021). In Folge wurde und

wird die flächendeckende Sicherheit der Nahrungsmittelversorgung, vor allem auch für weniger mobile Bürger*innen, insbesondere für Kommunen im ländlichen Raum, wieder zu einem kommunalpolitisch relevanten Thema. Zuletzt hat schließlich auch die Corona-Pandemie zu einer deutlichen Sensibilisierung für die Bedeutung von Ernährung als Aufgabe der kommunalen Daseinsvorsorge beigetragen. Viele Bürger*innen machten dabei zum ersten Mal Erfahrungen mit Versorgungsengpässen bei notwendigen Gütern und Dienstleistungen des täglichen Lebens. Die Verwundbarkeit der Produktions- und Logistikketten hat die scheinbare Gewissheit der selbstverständlichen Versorgung mit Nahrungsmitteln über Handel und Logistik erschüttert. Fragen der Ernährungssicherheit, aber auch der Ernährungssouveränität, sind dadurch wieder verstärkt auf die kommunalpolitische Agenda gerückt (Millard et al. 2022; Swinnen und McDermott 2020). Der inzwischen deutlich zu spürende Klimawandel und die damit einhergehenden Verschiebungen in den traditionellen Agrarregionen, sowie Veränderungen in den internationalen geopolitischen Landschaften werden diese Entwicklung wohl noch deutlich verstärken. Es ist zu erwarten, dass das Thema Ernährung zu einem festen Bestandteil jeder kommunalpolitischen Agenda und damit auch der kommunalen Daseinsvorsorge wird.

2 Ernährungssicherheit, Versorgungswüsten und Nachhaltigkeit

Die United Nations Food and Agriculture Organization (FAO) definiert Nahrungssicherheit (food security) allgemein als Zustand, „wenn alle Menschen jederzeit physischen und ökonomischen Zugang zu sicherer und nahrhafter Nahrung haben, die ihre Ernährungserfordernisse und -präferenzen für ein aktives und gesundes Leben erfüllt" (FAO 2006). Konzeptionell geht es um die *Verfügbarkeit* von Nahrung (food supply security), um den *Zugang* zu Nahrung (food consumption security), um die *Nutzbarkeit* der Nahrung und die *Stabilität* des Ernährungssystems. Ernährungssicherheit (nutrition security) basiert auf einem breiteren Verständnis und umfasst auch die Aspekte der Hygiene, der Gesundheitsvorsorge und der sozialen Fürsorge (Mahla et al. 2017).

Während Städte von Anfang an auf Stadt-Land-Beziehungen zur Versorgung mit Nahrungsmitteln angewiesen waren, wird mit dem Beginn der Moderne auch der Status von ländlichen Dörfern als fast autarke Versorgungsgemeinschaften in Mitteleuropa abgelöst (Chilla et al. 2016). Die zunehmende Bevölkerungsdichte und die klimatischen, insbesondere saisonalen und topographischen Bedingungen bedingen eine Einbindung der lokalen Ernährungssicherheit in überregionale Märkte. So bezog beispielsweise die Schweiz bereits 1913 ihre Rohstoffe für die

Brotproduktion hauptsächlich aus Russland (35 %), den USA (28,5 %), Kanada (15 %) und Rumänien (9,5 %), mit dem Rhein als Hauptbezugsroute für das amerikanische und das russische Getreide (Meier 2020). Der Selbstversorgungsgrad in Deutschland mit Nahrungsmitteln lag in den vergangenen Jahrzehnten zwar insgesamt bei 83 %, allerdings konnte der Bedarf im Jahr 2021 bei Obst nur zu 20 %, bei Gemüse zu 38 % und bei Eiern zu 73 % aus heimischer Produktion gedeckt werden (s. Abb. 1). Bei Kartoffeln lag der Selbstversorgungsgrad dagegen bei 150 %. Auch bei Fleisch, Milch und Getreide übersteigt die Erzeugung den Bedarf (BLE 2023). Die idealisierten Vorstellungen einer regionalen Versorgung von Kommunen mit Nahrungsmitteln sind daher grundsätzlich zu hinterfragen.

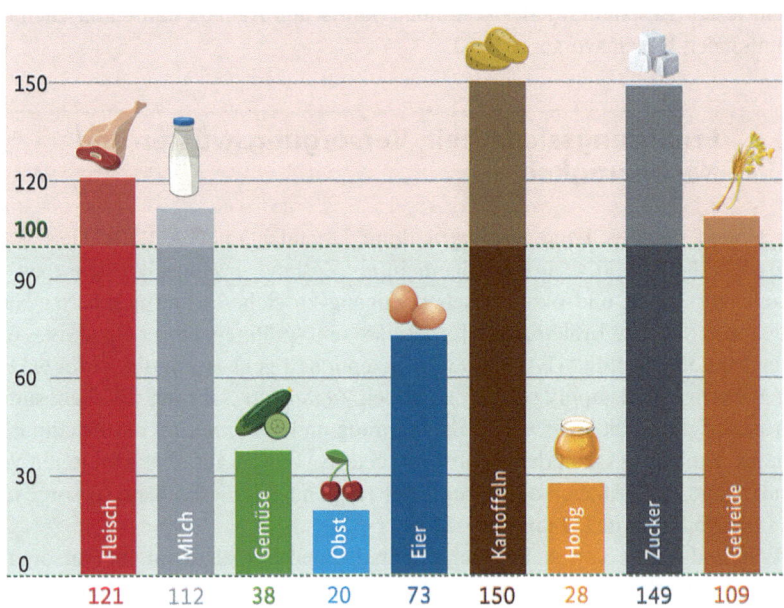

Abb. 1 Der Selbstversorgungsgrad in Deutschland mit ausgewählten Nahrungsmittelgruppen (BLE 2023)

Für den Anteil regionaler Lebensmittel am Konsum einer Kommune sind die Produktgruppe, die Region an sich, aber auch das Vorhandensein von Verarbeitungsstrukturen und Verkaufskanälen entscheidend. Der tatsächliche regionale Konsum in einer Kommune darf deshalb nicht gleichgesetzt werden mit dem Produktionspotenzial einer Region, wie die wenigen vorhandenen empirischen Studien zeigen (Moschitz und Frick 2018, 2021; Moschitz et al. 2018). So liegt zum Beispiel der potenzielle regionale Eigenversorgungsgrad der Stadt Leutkirch im Allgäu für Milch aus ihrer von Grünland dominierten Region bei 960 %, der Anteil konsumierter regionaler Milch dagegen nur bei 4 %. Der effektive regionale Selbstversorgungsgrad schwankt über die Produktgruppen hinweg zwischen null und 70 %. Die Gründe hierfür liegen im Wesentlichen in der sog. „Delokalisierung" moderner Ernährungssysteme, das heißt in der Entkopplung der Orte der Produktion und des Konsums von Lebensmitteln. Prozesse der Globalisierung und Ausdifferenzierung (horizontal nach Nahrungsmittelgruppen, vertikal nach Wertschöpfungsstufen) haben zunehmend komplexe und abnehmend transparente Produktions-, Prozess- und Wertschöpfungsketten im Nahrungsmittelbereich zur Folge (Montanari 1995; Viljoen und Wiskerke 2012; Sipple und Schanz 2019). Was schon 1912 für die Brotversorgung der Stadt Basel festgestellt wurde gilt heute generell: „Das Versorgungsgebiet einer Stadt ist heute die halbe Welt" (Reichlin 1912 nach Meier 2020, S. 36).

Gleichzeitig haben die Entwicklungen des Lebensmitteleinzelhandels in den letzten Jahrzehnten dazu geführt, dass sich filialisierte Supermärkte und Discounter vor allem auf städtische Räume konzentrieren und dazwischen sogenannte „Versorgungswüsten" entstanden sind (Jürgens 2020). In Schleswig-Holstein gab es im Jahr 2015 in 802 von 1110 Kommunen (d. h. für immerhin 17,3 % der Gesamtbevölkerung) kein ausreichendes Angebot an Lebensmitteln des täglichen Bedarfs in der näheren Umgebung (Jürgens 2017, 99 f.). Abwanderung und demographischer Wandel mit schrumpfender Kaufkraft in ländlichen Räumen oder auch Stadtteilen verstärken diese Entwicklung weiter. In Nordamerika korrelieren diese „Versorgungswüsten" bzw. „food deserts" häufig räumlich-strukturell mit den Wohnorten vulnerabler Bevölkerungsgruppen (Armut, ethnische Zugehörigkeit etc.). In Deutschland sind sie dagegen ein räumlich weniger ausgeprägtes Phänomen und beruhen eher auf individuellen Erfahrungen, die von den Lebensbedingungen und Teilhabefähigkeiten, insbesondere der Mobilität, abhängen (Neumeier und Kokorsch 2021). Weniger mobile Menschen erleben deshalb insbesondere in entleerten Orten tatsächliche Versorgungswüsten, was nicht nur im Hinblick auf Fragen der Lebensbedingungen kommunalpolitisch problematisch ist. Aufgrund der sozialen Funktion von Ernährung ist mit dem erschwerten Zugang zu Lebensmitteln zugleich ein wichtiger Bereich der sozialen Teilhabe betroffen. Dies betrifft insbesondere Menschen in prekären Lebenslagen, deren gesellschaftliche Teilhabe ohnehin eingeschränkt ist (Augustin 2020; Augustin und Rosol 2023). Die Forderung, den Zugang zu Lebensmitteln als *integratives* kommunales Handlungsfeld zu begreifen, ist daher unmittelbar nachvollziehbar.

Das Thema Ernährung bietet sich zudem als konzeptioneller Ansatzpunkt für kommunale Nachhaltigkeitsstrategien an (Stierand 2008, 2014; Schmagold 2012; Moragues et al. 2013; Schanz et al. 2020; Sipple und Schanz 2019). Nachhaltigkeit und Klimaschutz spielen für Kommunen in vielen ihrer Aufgabenbereiche eine immer größere Rolle. Dabei wird oft vernachlässigt, dass der Bereich Ernährung einer der größten Treiber anthropogener Klima- und Umweltauswirkungen ist. Bis zu 30 % des ökologischen Fußabdrucks und rund 25 % der globalen Treibhausgasemissionen sind auf den Ernährungsbereich zurückzuführen (Jungbluth et al. 2012; Willett et al. 2019; Vermeulen et al. 2012; Crippa et al. 2021). Auch soziale Aspekte und Gerechtigkeitsfragen werden durch Ernährung unmittelbar berührt (Allen 2010; Glennie und Alkon 2018), wie sie zum Beispiel in der Fairtrade-Town Initiative verfolgt werden (Gmeiner et al. 2021). Fragen der Ernährungssouveränität, d.h. das Recht aller Bürger, ihr eigenes Landwirtschafts- und Ernährungssystem zu definieren, drängen entsprechend zunehmend auch in den kommunalpolitischen Raum. Gleichzeitig verbindet Ernährung als Querschnittsthema eine große Vielzahl von kommunalpolitischen Feldern (s. Abb. 2) (Stierand 2014, 2008). Inhaltliche Vorstellungen zum Thema Ernährung sind in Städten stark interessengeprägt und unterscheiden sich, wie bei anderen kom-

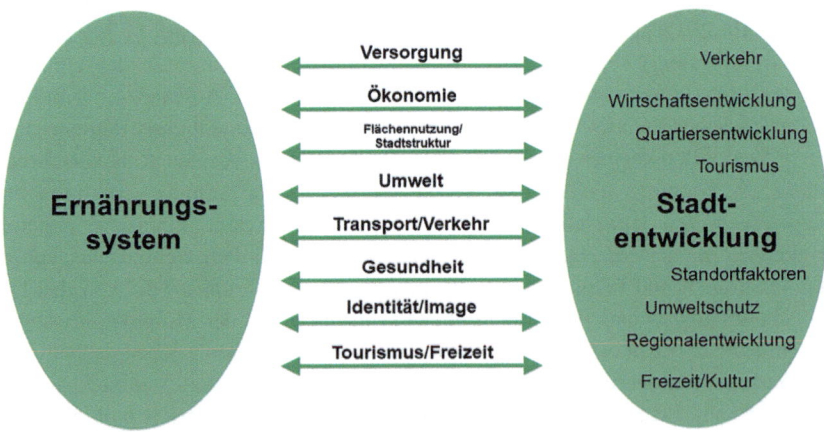

Abb. 2 Querschnittsbereiche zwischen Ernährungssystem und Stadtentwicklung (Schanz et al. 2020 im Anhalt an Stierand 2008, S. 128)

munalpolitischen Themen auch, entsprechend stark innerhalb der Bürgerschaft (Baldy 2019). Dies führt zwangsläufig zu Zielkonflikten und entsprechenden Herausforderungen bei der Auswahl, Anwendung und Umsetzung kommunalpolitischer Instrumente (Sipple und Schanz 2023a, b; Wiek et al. 2023).

Inwieweit gesellschaftliche Werte und Normen einzelner Gruppierungen bzw. Mehrheiten, zum Beispiel mit Bezug zu Ernährungsstilen, die Ausgestaltung der kommunalen Daseinsvorsorge beeinflussen sollten, ist umstritten. Unstrittig ist jedoch, dass die Kommunen für die angestrebte gesellschaftliche Transformation zur Nachhaltigkeit entscheidend sind (Schneidewind et al. 2018; Grabow und Honold 2017). Die Folgen des Umwelt- und Klimawandels erfordern daher vorsorgeorientierte Anpassungen der kommunalen Dienstleistungen und Infrastrukturen (Beer et al. 2021; Dütschke et al. 2019). Insofern gilt: „Viele Aufgaben, die mit Klimaschutz und Klimafolgenanpassung verbunden sind, unterliegen zumindest indirekt dem Auftrag der öffentlichen Daseinsvorsorge und sind damit ‚eher Pflicht als Kür'" (Roth und Walter 2020, S. 109).

3   Kommunale Daseinsvorsorge und Ernährung

Der Begriff der öffentlichen Daseinsvorsorge ist trotz vielfältiger Verständnisse und resultierender unscharfer Verwendungen verwaltungspolitisch und planerisch fest etabliert. Hierzu trägt auch die wiederholte Rechtsprechung des Bundesverfassungsgerichts und die Verankerung im Raumordnungsgesetz in Deutschland bei (Milstein 2018). Allgemein wird öffentliche Daseinsvorsorge dabei verstanden

> „als die Gesamtheit der Leistungen der Verwaltung zur Befriedigung der Bedürfnisse der Bürger für eine normale, dem jeweiligen Lebensstandard entsprechende Lebensführung. Es handelt sich also um Aktivitäten, bei denen der Staat und die öffentliche Verwaltung gezielt zur Versorgung der Bürger mit den notwendigen, dem jeweiligen Stand der Zivilisation entsprechenden Leistungen tätig werden, weil der nach allgemeinen Regeln geordnete Markt die Versorgung der Bürger nicht ausreichend gewährleistet." (Henneke 2009, S. 18)

Gemäß dem Subsidiaritätsprinzip waren und sind vor allem Städte, Landkreise und Kommunen Träger der öffentlichen Daseinsvorsorge, insbesondere im Bereich der Infrastruktur, wie z. B. der Strom-, Gas-, Wärme- und Wasserversorgung, der Abwasserentsorgung und der Abfallentsorgung (Henneke 2009; Henneke und Ritgen 2021).

Das ursprüngliche Verständnis, demzufolge Aufgaben der Daseinsvorsorge Staatsaufgaben sind, die der Staat selbst erbringt, ist inzwischen dem Verständnis eines „Gewährleistungsstaats" gewichen. Hier gewährleistet „die öffentliche

Hand nicht mehr selbst die eigentliche Leistungsproduktion, sondern [...] ‚nur noch' eine Grundversorgung mit gemeinwohlrelevanten Dienstleistungen zu vereinbarten Qualitäts- und Preisstandards an bestimmten Standorten" (Einig 2008, S. 17). Die Leistungserbringung der öffentlichen Daseinsvorsorge erfolgt heute durch hauptverantwortliche staatliche Leistungserfüllung (z. B. in der Schulverwaltung), parallele oder arbeitsteilige Trägermodelle (z. B. in der Mobilitätsinfrastruktur), überkommunale Zweckverbände (z. B. Abwasserversorgung) oder privatisierte Unternehmen. Hinzu kommen Genossenschafts- und Bürgerschaftsmodelle und das Ehrenamt (Steinführer 2015; Krajewski und Steinführer 2020). Entsprechend lässt sich ein modernes Grundverständnis der kommunalen Daseinsvorsorge, zitiert nach Beer et al. (2021, S. 10), auf Basis von sechs Eckpunkten formulieren:

1. *Bürger*innen in den Mittelpunkt:* Daseinsvorsorge zielt darauf ab, Einzelpersonen grundlegende Verwirklichungschancen, gesellschaftliche Teilhabe und damit ein menschenwürdiges Leben zu ermöglichen.
2. *Ausrichtung auf Ziele und Wirkungen:* Infrastrukturen, Güter und Dienstleistungen der Daseinsvorsorge sind kein Selbstzweck. Vielmehr sollten sie zur Erreichung von gesellschaftspolitischen Zielsetzungen eingesetzt werden und entsprechende Wirkung entfalten.
3. *Vielfalt und Differenzierung:* Ziel der Daseinsvorsorge ist nicht die Erbringung eines bestimmten, universell geltenden Standards, sondern die Suche nach bedarfsgerechten und ortsspezifischen Lösungen. Dabei funktionieren Entwicklungsstrategien nicht ohne die Einbeziehung der lokalen Bevölkerung.
4. *Systemische Perspektive:* Die Sicherstellung der Daseinsvorsorge erfordert integrierte, systemische Lösungsansätze. Dafür müssen herkömmliche Grenzen sektoraler Infrastrukturangebote überschritten und eine ganzheitliche Analyse der Anforderungen und Rahmenbedingungen zukunftsfähiger Lebensverhältnisse vorgenommen werden.
5. *Koproduktion der Leistungen:* Die Organisation der Daseinsvorsorge ist ein Auftrag, der durch staatliche und kommunale Behörden in Kooperation mit zivilgesellschaftlichen Organisationen sowie öffentlich-rechtlichen und privatwirtschaftlichen Unternehmen zu erbringen ist.
6. *Dynamische Weiterentwicklung:* Daseinsvorsorge ist kein Zustand, sondern ein Gestaltungsauftrag, der entwicklungsoffen und stetigem Wandel unterworfen ist. Mit Blick auf gesellschaftliche Entwicklungen und sich verändernden Rahmenbedingungen muss dieser Auftrag immer wieder aufs Neue interpretiert werden.

Eine eindeutige Bestimmung des kommunalen Aufgabenkatalogs in der Daseinsvorsorge fehlt bisher (Beer et al. 2021). Insofern ist auch umstritten, inwieweit das Themenfeld Ernährung tatsächlich unter die kommunale Daseinsvorsorge fällt. Artikel 74 Abs. 1 des Grundgesetztes regelt in grundsätzlicher Weise, dass die Sicherung der Ernährung (Ziffer 17) und das Recht der Lebensmittel (Ziffer 29) unter die konkurrierende Gesetzgebung der Länder fällt. Entsprechend finden sich in den Landesverfassungen und den Gemeindeordnungen der Länder ähnliche Aussagen zur Sicherung der Ernährung. Was die Regelungsgehalte und die Regelungsstrukturen der kommunalen Daseinsvorsorge betrifft, sind jedoch seit den 1990er Jahren länderspezifisch erhebliche Abweichungen festzustellen (Henneke 2009). Das Themenfeld Ernährung ist daher, wie andere Leistungsbereiche der kommunalen Daseinsvorsorge auch, uneinheitlich und nur in sehr genereller Form geregelt. Beabsichtigt eine Kommune im Zuge der Wahrnehmung der Daseinsvorsorge ein kommunales Unternehmen zu betreiben, so gilt nach § 67 der Deutschen Gemeindeordnung (DGO), dass „1. der öffentliche Zweck das Unternehmen rechtfertigt", „2. das Unternehmen nach Art und Umfang in einem angemessenen Verhältnis zu der Leistungsfähigkeit der Gemeinde und zum voraussichtlichen Bedarf steht" und „3. Der Zweck nicht besser und wirtschaftlicher durch einen anderen erfüllt wird oder erfüllt werden kann" (Henneke und Ritgen 2021, S. 160).

Wie Rogalinski (2013) am Beispiel des Artikel 83 der Bayrischen Verfassung ausführt, ist die dort enthaltene Verpflichtung der Gemeinden, „Einrichtungen zur Sicherung der Ernährung" vorzuhalten, nicht unmittelbar mit einer generellen Sicherstellung des Zugangs zu Lebensmitteln gleichzusetzen. Vielmehr handelt es sich zunächst um die Verpflichtung, die Bevölkerung im Rahmen der Sozialhilfe, z. B. über Suppenküchen, „Tafeln" oder Schulspeisungen, oder in Notfällen generell zu ernähren. Gleichzeitig stellt

> „die Förderung der örtlichen klein- und mittelständischen Unternehmer im Rahmen des Selbstverwaltungsrechts eine der Grundlagen der Daseinsvorsorge dar, weil zu überhaupt jeder kommunalen Betätigung finanzielle Mittel erforderlich sind, die durch die wirtschaftliche Prosperität von Unternehmen, Bürgern und Kommunen erst verfügbar werden." (Rogalinski 2013, S. 30)

Ein Vorteil der kommunalen Ebene ist, dass sich gerade hier in den Netzwerken der lokalen Ernährungswirtschaft gezielt die zentralen bzw. relevanten Akteur*innen für die Nachhaltigkeit und Resilienz des kommunalen Ernährungssystems identifizieren lassen. Zu diesen Netzwerken zählen die Landwirtschaft, das Lebensmittelhandwerk, die Außer-Haus-Verpflegung (Restaurants, Kantinen,

Catering und Imbisse), der Lebensmitteleinzelhandel sowie Einrichtungen des Convenience-Food wie Tankstellen und Kioske (Sipple und Schanz 2019). Lokale Akteursnetzwerke gelten als maßgebliche Grundlage für eine lokale Nachhaltigkeitstransformation und die damit verbundene Gestaltbarkeit lokaler Ökonomien (Luthe et al. 2012). Sie sind „wegen ihrer regionalen Verbundenheit, gefestigten Kooperationskultur, hohen Innovationsfähigkeit und komplementären Kompetenzen der Netzwerkakteure" eine wesentliche Grundlage für regionale Resilienz (Buhl und Ritter 2023, S. 116). Die gezielte Förderung dieser zentralen bzw. relevanten ortsansässigen Betriebe im Bereich der Versorgung, Verarbeitung und Entsorgung von Lebensmitteln kann folglich als eine integrale Aufgabe der kommunalen Daseinsvorsorge interpretiert werden.

Dies gilt insbesondere für strukturschwache Regionen und vor allem für den ländlichen Raum. Aufgrund von Konzentrationsprozessen im Lebensmitteleinzelhandel und Veränderungen der sozialen und technischen Ernährungsgewohnheiten (Mager et al. 2023) sind die Betriebsstrukturen im Bereich der lokalen Ernährungswirtschaft stark ausgedünnt und wenig differenziert. In vielen Gemeinden gibt es weder einen Laden noch eine Gaststätte (Eberhardt et al. 2021). In solchen Fällen „entleerter Orte" kann die kommunale Daseinsvorsorge eine – zumindest vorübergehende – eigenwirtschaftliche Betätigung der öffentlichen Hand legitimieren:

„Bund, Länder und Kommunen können eigene Einrichtungen schaffen, wenn auf andere Weise das Fehlen eines ausreichenden, preiswerten, dauerhaft sicheren und flächendeckenden Angebots durch Private nicht zu beheben ist. Auch kann die Sorge um eine Gemeinwohlbelange berücksichtigende Tarifgestaltung eine Eigenwahrnehmung durch die öffentliche Hand legitimieren, wenn eine gleichmäßige Versorgung durch Private nicht zu erwarten ist." (Henneke 2009, S. 23)

Praxisbeispiele für kommunale Unternehmen der Ernährungswirtschaft zur Sicherung der Daseinsvorsorge aus Städten und Gemeinden in Deutschland gibt es bereits. Hierzu zählt die Stadt Darmstadt (Hessen), wo bereits ein Großteil der Schulverpflegung über den Eigenbetrieb für kommunale Aufgaben und Dienste (EAD) produziert wird. Über den EAD konnte in Darmstadt nicht nur die Produktion des Schulessens sichergestellt werden, sondern gleichzeitig der Anteil an Bio-, Fairtrade- und regionalen Produkten schrittweise auf 50 % erhöht werden (Stadt Darmstadt 2020; Sipple und Wiek 2023). Darüber hinaus gibt es Beispiele aus dem ländlichen Raum, wo Kommunen aufgrund von Betriebsschließungen die Nahversorgung als Teil der kommunalen Daseinsvorsorge durch die Gründung eines kommunalen Unternehmens sichergestellt haben. Zur Illustration werden im Folgenden hierzu zwei Fallbeispiele aus 1) Unterkirnach (Baden-Württemberg) und 2) Wolframs-Eschenbach (Bayern) vorgestellt.

1. Die Gemeinde Unterkirnach ist eine Kleinstadt mit rund 2500 Einwohner*innen und liegt im Schwarzwald-Baar-Kreis im Südwesten Baden-Württembergs. Nachdem hier im Jahr 2015 der einzige Lebensmitteleinzelhandelsbetrieb vor Ort schließen musste, sorgte die Gemeinde bereits im November für eine Lösung zur Aufrechterhaltung der Nahversorgung. So wurde auf Initiative und unter Federführung des Bürgermeisters Andreas Braun die „Unterkirnach Landmarkt GmbH" als einhundertprozentige Tochtergesellschaft gegründet. In diesem Zuge wurden Umbaumaßnahmen durchgeführt, eine Frischetheke eingebaut sowie eine Poststelle und ein Lieferservice eingerichtet. Ziel der Gemeinde war es von Beginn an, auf lange Sicht wieder private Betreiber*innen für den Landmarkt zu finden, denen dann ein funktionierender Betrieb übergeben werden kann (Kommert 2015). So konnten im Genehmigungsverfahren die IHK Schwarzwald-Baar-Heuberg und das Gewerbeaufsichtsamt des Schwarzwald-Baar-Kreises von der Notwendigkeit des kommunalen Unternehmens überzeugt werden. Ausschlaggebend hierfür war die Tatsache, dass es schwierig erschien, nach längerer Schließung des Marktes wieder Betreiber*innen zu finden. Neben der Notwendigkeit der Aufrechterhaltung der Nahversorgung sahen beide Institutionen zudem keine entstehenden Nachteile für den privaten Einzelhandel bzw. Filialisten (Schück 2015; Ganter 2016). Zu Beginn des Jahres 2018 wurde schließlich ein privater Betreiber für den Landmarkt gefunden an den der Betrieb übergeben wurde. Die Gemeinde Unterkirnach konnte mit Investitionen in fünfstelliger Höhe einen örtlichen Lebensmitteleinzelhandelsbetrieb erhalten und so die Nahversorgung vor Ort sichern (Schimkat 2018).
2. Das bayerische Wolframs-Eschenbach ist eine Kleinstadt in Mittelfranken, hat 3200 Einwohner*innen und gehört zum Landkreis Ansbach. Seit dem Jahr 2020 betreibt die Stadt eine kommunale Bäckerei. Nachdem die einzige Bäckerei im Ort über zwei Jahre leer stand, weil sich keine Nachfolge fand, entschloss sich die Gemeinde, die Bäckerei selbst zu übernehmen und als Backwarenverkaufsstelle mit Café zu betreiben. Zunächst musste jedoch die Kommunalaufsicht beim Landkreis Ansbach darüber beraten, ob die Gemeinde mit ihrer Stadtbäckerei einen Beitrag zur kommunalen Daseinsvorsorge leistet. Dazu waren auch Stellungnahmen der Handwerkskammer und der Industrie- und Handelskammer erforderlich. Mangels lokaler Konkurrenz aus der Privatwirtschaft wurde ein positiver Bescheid erteilt. Auf Basis eines Beschlusses des örtlichen Gemeinderates, investierte die Gemeinde schließlich rund 50.000 € in den Um- und Ausbau der ehemaligen Bäckerei. Seither betreibt Wolframs-Eschenbach als Kommune eine Backwarenverkaufsstelle. Die Backwaren stammen von einem Bäckereibetrieb aus einem Nachbarort.

Sollte sich eine Privatperson oder ein Betrieb finden, soll auch die Bäckerei in Wolframs-Eschenbach mittel- bzw. langfristig wieder privatwirtschaftlich betrieben werden (Mallwitz 2020; Güttel 2020).

Beide Beispiele zeigen anschaulich, wie gerade kleinere Städte und Gemeinden im ländlichen Raum zur Sicherung der Daseinsvorsorge kommunale Unternehmen im Bereich der Ernährungswirtschaft gründen. Hierbei handelt es sich jeweils um Beispiele aus dem Bereich des Lebensmitteleinzelhandels. Es gibt aber auch Beispiele aus dem Bereich des Großhandels und der Verarbeitungsbetriebe, wo vielerorts ein Mangel an Betrieben besteht, der die Aufrechterhaltung bzw. Ermöglichung regionaler Lieferketten erschwert und/oder verhindert (Sipple und Schanz 2019; Moschitz und Frick 2021). Im Bereich der Schlachtbetriebe und Großmärkte waren oder sind viele Kommunen bereits traditionell tätig. Gerade hier gibt es viele weitere gute Gründe für den Erhalt bzw. die Wiederaufnahme der kommunalen Trägerschaft (Fink-Keßler 2021; Rogalinski 2013).

4   Fazit und Ausblick

Angesichts des fortschreitenden Klimawandels mit inzwischen realen großflächigen Ernteausfällen und der Verwundbarkeit globaler Nahrungsmittellieferketten durch die Verschiebung geopolitischer Strukturen erscheinen zukünftige Notsituationen in der Versorgungssicherheit wahrscheinlicher. Dies erfordert eine Ernährungswende auch und gerade auf kommunaler Ebene (Faltermeier et al. 2022; Heuser und Bommert 2019; Eberle et al. 2006). Neben den ökologischen und politischen Herausforderungen bestehen hier im Bereich der Ernährung auch sozio-ökonomische Handlungsnotwendigkeiten, die eine Erweiterung der Daseinsvorsorge um das Handlungsfeld Ernährung rechtfertigen. So führt der Rückgang von Betrieben im Lebensmitteleinzelhandel (Jürgens 2017), im Lebensmittelhandwerk (Sipple und Schanz 2021) und der Gastronomie (Franz 2020), zu einer infrastrukturellen Ausdünnung betroffener Städte und Dörfer. Die Folgen sind Versorgungslücken (Jürgens 2020), eine sozio- und wirtschaftsstrukturelle Abwertung von Ortskernen und Innenstädten (Kulke 2020), sowie eine Schwächung der Wettbewerbsfähigkeit der betroffenen Kommunen (Sloane und O'Reilly 2013). Zudem gefährden in einigen Regionen Betriebsschließungen in der Außer-Haus-Verpflegung die adäquate tägliche Versorgung von Bildungseinrichtungen mit gesunden und vollwertigen Mahlzeiten (Jansen et al. 2020; Steinmeier und Kastrup 2022). Ein Hauptgrund für viele Betriebsschließungen ist der ausge-

prägte Mangel an qualifizierten Fachkräften, Betriebsnachfolger*innen und Neugründer*innen (Hickmann et al. 2021; Elles et al. 2021). Diese Herausforderungen machen ein Handeln von Kommunalpolitik und -verwaltung im Bereich der
Ernährung erforderlich. Über die Pflicht zur Daseinsvorsorge müssen Kommunen
gewisse Angebote der Grundversorgung sicherstellen. Gleichzeitig gelten sie als
eine besonders wirkungsvolle Umsetzungsebene der Nachhaltigkeitstransformation. Gerade auf kommunaler Ebene werden Praktiken des *business as usual* und
der individuellen Lebensbedingungen und Gewohnheiten tagtäglich geprägt, (re-)
produziert und ausgeführt (Kirst et al. 2014, 2019; Dütschke et al. 2019; Gustafsson und Ivner 2018).

Allerdings sehen viele Kommunen ihre Handlungsmöglichkeiten im Bereich
Ernährung als begrenzt an, da die Regulierung der Märkte übergeordneten Ebenen
zugeschrieben wird (Pothukuchi und Kaufman 1999, 2000; Brinkley 2013). Auf
den ersten Blick scheint es, als ob die kommunalpolitische Steuerung sich weitest-
gehend auf raumplanerische Fragen der Ansiedelung des (Lebensmittel-)Einzel-
handels, kommunaler Marktkonzepte sowie das kommunale Beschaffungswesen
beschränken müsste (Moragues-Faus und Morgan 2015; Brinkley 2013). In der
Kommunalplanung und -verwaltung existieren jedoch gleichzeitig vielfältige Quer-
bezüge zu ernährungsrelevanten Handlungsfeldern (Stierand 2008, 2014), ohne dass
diese unmittelbar zwingend erkennbar sind. Außerdem sind in der lokalen Ernährungswirtschaft in der Regel eine große Zahl unterschiedlicher Betriebe ansässig,
die über Absatz- und Beschaffungsbeziehungen miteinander im Austausch stehen
(Sipple und Schanz 2019; Sipple 2022). Ein systemisches Verständnis der Dynamiken lokaler Ernährungssysteme gerade auf Ebene der Kommunen offeriert folglich Hebelpunkte für deren nachhaltige Gestaltung (Sipple und Schanz 2023a, b).

Darüber hinaus lassen sich in der kommunalen Praxis ordnungspolitische Rah-
mensetzungen für eine kommunale, ernährungsbezogene Nachhaltigkeitspolitik
identifizieren. Dies gilt besonders für kommunale Instrumente zur Stärkung der
lokalen nachhaltigen Ernährungswirtschaft (Sipple und Wiek 2023), was sich
an Beispielen aus Literatur und Verwaltungspraxis aufzeigen lässt (Sipple et al.
2023b; Wiek et al. 2023). Gerade in kleineren Städten und Gemeinden sind es
Praktiken, welche die Gestaltung lokaler Ernährungssysteme prägen (Baldy et al.
2021; Sipple und Schanz 2023a, b). Ein Ansatzpunkt hierfür kann die Anpassung
und Entwicklung von Dienstleistungen und Infrastrukturen zur kommunalen Daseinsvorsorge sein. Dies zeigt sich auch anhand konzeptioneller Überlegungen zu
kommunalen Unternehmen der Ernährungswirtschaft (Sipple et al. 2023a).

Die Frage, ob und wie spezielle ernährungsrelevante Handlungsfelder Teil
der kommunalen Daseinsvorsorge werden können, muss in den kommenden Jahren weiter untersucht und diskutiert werden. Der vorliegende Beitrag zeigt auf,

warum Ernährung ein zentraler Bestandteil der kommunalen Daseinsvorsorge sein sollte. Diese Erweiterung erscheint trotz Personalmangel und steigendem Kostendruck in den Kommunalverwaltungen notwendig, um die Resilienz der Kommunen zu sichern (Tillack und Hornbostel 2023). Nur so können sie dem eigentlichen Ziel hinter der gesetzlichen Daseinsvorsorge und der sozial-ökologischen Transformation gerecht werden: der Existenzsicherung für Mensch und Natur (Höher et al. 2022).

Literatur

Allen, P. 2010. Realizing justice in local food systems. *Cambridge Journal of Regions, Economy and Society* 3 (2): 295–308. https://doi.org/10.1093/cjres/rsq015.

Augustin, Hanna. 2020. *Ernährung, Stadt und soziale Ungleichheit.* Bielefeld, Germany: transcript Verlag.

Augustin, Hanna, und Marit Rosol. 2023. Beiträge kommunaler Planung für mehr Ernährungssicherheit in deutschen Städten. *Standort* 1–9. https://doi.org/10.1007/s00548-023-00840-7.

Baldy, Jana. 2019. Framing a Sustainable Local Food System—How Smaller Cities in Southern Germany Are Facing a New Policy Issue. *Sustainability* 11 (6): 1712. https://doi.org/10.3390/su11061712.

Baldy, Jana, Basil Bornemann, Daniela Kleinschmit, und Sylvia Kruse. 2021. Policy integration from a practice-theoretical perspective: integrated food policy in the making in two German cities. *Journal of Environmental Policy & Planning* 1–14. https://doi.org/10.1080/1523908X.2021.2015305.

Beer, Felix, Räuchle, Charlotte, Schweitzer, Eva und Dominik Piétron. 2021. Zukunftsfähige Daseinsvorsorge. Kommunen als Träger einer nachhaltig-digitalen Transformation. CO:DINA Positionspapier 8. https://codina-transformation.de/wp-content/uploads/CO-DINA_Positionspapier-8_Zukunftsfaehige-Daseinsvorsorge.pdf

Brinkley, Catherine. 2013. Avenues into Food Planning: A Review of Scholarly Food System Research. *International Planning Studies* 18 (2): 243–266. https://doi.org/10.1080/13563475.2013.774150.

Buhl, Claudia Martina, und Claudia Ritter. 2023. Regional verortet. Gemeinsam stark und resilient – Netzwerke als Impulsgeber. In *Resilienz: Leben – Räume – Technik*, Hrsg. Volker Wittpahl, 116–130: Springer Vieweg, Berlin, Heidelberg.

Bundesministerium für Ernährung und Landwirtschaft (BMEL). 2022. Deutschland, wie es isst. Der BMEL-Ernährungsreport 2022. Abgerufen am 02. Juli 2023. https://www.bmel.de/SharedDocs/Downloads/DE/Broschueren/ernaehrungsreport-2022.pdf?__blob=publicationFile&v=9

BLE (Bundesanstalt für Landwirtschaft und Ernährung). 2023. Der Selbstversorgungsgrad in Deutschland 2021. Abgerufen am 02. Juli 2023. https://www.ble.de/DE/BZL/Informationsgrafiken/informationsgrafiken_node.html.

Chilla, Tobias, Bert Altena, und Markus Neufeld. 2016. *Regionalentwicklung.* Stuttgart: Ulmer.

Crippa, M., E. Solazzo, D. Guizzardi, F. Monforti-Ferrario, F. N. Tubiello, und A. Leip. 2021. Food systems are responsible for a third of global anthropogenic GHG emissions. *Nature Food* 2 (3): 198–209. https://doi.org/10.1038/s43016-021-00225-9.

Dütschke, Elisabeth, Jonathan Köhler, Norman Laws, Ulrike Hacke, Jutta Niederste-Hollenberg, und Julius Wesche. 2019. Kommunen als Motoren einer Nachhaltigkeitstransformation – Erfahrungen aus den Feldern Energie, Wasser und Wohnen. In *Aktuelle Ansätze zur Umsetzung der UN-Nachhaltigkeitsziele*, Hrsg. Walter Leal Filho, 79–98. Berlin: Springer Spektrum.

Eberhardt, Winfried, Patrick Küpper, und Matthias Seel. 2021. *Dynamik der Nahversorgung in ländlichen Räumen verstehen und gestalten: Impulse für die Praxis.*

Eberle, Ulrike, Doris Hayn, Regine Rehaag, und Ulla Simshäuser. 2006. *Ernährungswende: Eine Herausforderung für Politik, Unternehmen und Gesellschaft.* München: Oekom Verlag.

Einig, Klaus. 2008. Regulierung der Daseinsvorsorge als Aufgabe der Raumordnung im Gewährleistungsstaat. *Informationen zur Raumentwicklung* (1/2): 17–40.

Elles, Anselm, Bestek, Dirk, Sabet, Stefanie, und Stefan Richmann. 2021. HR Trends 2021 in der Food and Consumption Value Chain. Hg. v. Arbeitgebervereinigung Nahrung und Genuss e. V. Abgerufen am 19. Mai 2023. https://www.ang-online.com/de/fakten/fach-kr%C3%A4ftesicherung.html?file=files/pub/Aktuelles/Bilder%20und%20Mitteilungen%202022/HR%20Trends%202021%20in%20der%20Food%20and%20Consumption%20Value%20Chain_final.pdf.

Faltermeier, Kathrin, Ratzmann, Nora, und Julia Plessing. 2022. Kann der Speiseplan die Erde retten? Fünf Aktionsvorschläge zur Beschleunigung einer kommunalen Ernährungswende. Abgerufen am 29. Juni 2023. unter https://publications.iass-potsdam.de/pubman/faces/ViewItemOverviewPage.jsp?itemId=item_6002413.

Fink-Keßler, Andrea. 2021. Jedem Landkreis ein Schlachthaus?!: Stellschrauben für die Re-Aktivierung regionaler Schlachtung. *Kritischer Agrarbericht 2021* 178–182.

FAO (Food and Agricultural Organisation). 2006. Food Security. Policy Brief. Hg. v. Food and Agriculture Organization of the United Nations (FAO). Abgerufen am 12. Mai 2023. https://www.fao.org/fileadmin/templates/faoitaly/documents/pdf/pdf_Food_Security_Cocept_Note.pdf.

Franz, Martin. 2020. Treffpunkt Gaststätte – warum sich Kommunen stärker um ihre Kneipen und Restaurants kümmern sollten. *Standort* 44 (2): 93–98. https://doi.org/10.1007/s00548-020-00635-0.

Ganter, Patrick. 2016. Wie wichtig ein Supermarkt sein kann: Ein Dorf kämpft um seine Attraktivität. *Südkurier,* 1. Juli.

Glennie, Charlotte, und Alison Hope Alkon. 2018. Food justice: cultivating the field. *Environmental Research Letters* 13 (7): 73003. https://doi.org/10.1088/1748-9326/aac4b2.

Gmeiner, Edith, Lisa Herrmann, und Michaela Reithinger. 2021. Fairer Handel als Priorität – Wie die Kampagne „Fairtrade-Towns" zur Umsetzung der Nachhaltigkeitsziele beiträgt. In *Nachhaltiger Konsum: Best Practices aus Wissenschaft, Unternehmenspraxis, Gesellschaft, Verwaltung und Politik,* Hrsg. Wanja Wellbrock und Daniela Ludin, 237–250. Wiesbaden: Springer Fachmedien Wiesbaden.

Grabow, Busso, und Jasmin Honold. 2017. Transformation zur Nachhaltigkeit in Kommunen – empirische Befunde. In *Gutes Leben vor Ort,* Hrsg. Harald Heinrichs, Ev Kirst und Jule Plawitzki, 7–12. Berlin: Erich Schmidt Verlag.

Gustafsson, Sara, und Jenny Ivner. 2018. Implementing the Global Sustainable Goals (SDGs) into Municipal Strategies Applying an Integrated Approach. In *Handbook of Sustainability Science and Research*, Hrsg. Walter Leal Filho, 301–316. Cham: Springer International Publishing.

Güttel, Irena. 2020. Kommunales Unternehmen: Gemeinde betreibt erfolgreich eigene Bäckerei. https://enorm-magazin.de/wirtschaft/wolframs-eschenbach-eroeffnet-eigene-baeckerei.

Henneke, Hans-Günter. 2009. Die Daseinsvorsorge in Deutschland – Begriff, historische Entwicklung, rechtliche Grundlagen und Organisation. In *Die Daseinsvorsorge im Spannungsfeld von europäischem Wettbewerb und Gemeinwohl*, Hrsg. Andreas Krautscheid, 17–37: VS Verlag für Sozialwissenschaften.

Henneke, Hans-Günter, und Klaus Ritgen. 2021. *Kommunalpolitik und Kommunalverwaltung in Deutschland*. München: C.H.Beck.

Heuser, Alessa, und Wilfried Bommert, (2019): Ernährungswende jetzt! Ein Beratungsmodul für Ernährungsräte. Hg. v. World Food Institute – Institut für Welternährung e. V. Abgerufen am 29. Juni 2023. https://institut-fuer-welternaehrung.org/wp-content/uploads/2020/01/Beratungsmodul-fu%CC%88r-Erna%CC%88hrungsra%CC%88te-Institut-fu%CC%88r-Welterna%CC%88hrung.pdf.

Hickmann, Helen, Lydia Malin, und Dirk Werner. 2021. Fachkräfteengpässe in Unternehmen – Fachkräftemangel und Nachwuchsqualifizierung im Handwerk. *Hickmann Gutachten.*

Höher, Simon, Veit Vogel, und Felix Beer. 2022. *Prinzipien und Leitplanken einer zukunftsfähigen Daseinsvorsorge.*

Jansen, Catherin, Anette Buyken, Julia Depa, und Anja Kroke. 2020. Ernährung in der Schule: Zwischen administrativen Zuständigkeiten und strukturellen Rahmenbedingungen. *Ernahrungs Umschau* 67 (1): 18–25. https://doi.org/10.4455/eu.2020.007.

Jungbluth, Niels, Rene Itten, und Matthias Stucki. 2012. *Umweltbelastungen des privaten Konsums und Reduktionspotenziale: Schlussbericht im Auftrag des Budesamtes für Umwelt, Bern, Schweiz. ESU-services GmbH, Uster.*

Jürgens, Ulrich. 2017. Renaissance des Dorfladens oder Versorgungswüsten? *Standort* 41 (2): 99–108. https://doi.org/10.1007/s00548-017-0485-x.

Jürgens, Ulrich. 2020. Versorgung mit frischen Lebensmitteln in ländlich geprägten Food Deserts am Beispiel von Schleswig-Holstein. In *Waren – Wissen – Raum: Interdependenz von Produktion, Markt und Konsum in Lebensmittelwarenketten*, Hrsg. Nina Baur, Julia Fülling, Linda Hering und Elmar Kulke, 365–398. Wiesbaden: Springer Fachmedien Wiesbaden.

Kirst, Ev, Simon Trockel, und Harald Heinrichs. 2014. Nachhaltige Kommunalverwaltung. In *Nachhaltigkeitswissenschaften*, 549–565: Springer Spektrum, Berlin, Heidelberg.

Kirst, Ev, Daniel J. Lang, Harald Heinrichs, und Jule Plawitzki. 2019. Kommunalspezifische Nachhaltigkeitssteuerung: Erfahrungen und Empfehlungen. *GAIA – Ecological Perspectives for Science and Society* 28 (2): 151–159. https://doi.org/10.14512/gaia.28.2.14.

Kommert, Hans-Jürgen. 2015a. Landmarkt öffnet noch diesen Monat: Post und Backwaren: Nahversorgung im Ort Unterkirnach künftig gewährleistet. Eröffnung voraussichtlich am 19. November. *Schwarzwälder Bote*, 3. November.

Krajewski, Christian, und Annett Steinführer. 2020. Daseinsvorsorge in ländlichen Räumen und ihre Ausgestaltung zwischen Staat, Markt und Ehrenamt. In *Land in Sicht: Länd-*

liche Räume in Deutschland zwischen Prosperität und Peripherisierung, Hrsg. Christian Krajewski und Claus-Christian Wiegandt, 242–260. Bonn: Bundeszentrale für politische Bildung.

Kühn, Gerd. 2011. *Einzelhandel in den Kommunen und Nahversorgung in Mittel-sowie Großstädten.*

Kulke, Elmar. 2020. Dynamik von Zentrensystemen. In *Geographische Handelsforschung*, Hrsg. Cordula Neiberger und Barbara Hahn, 183–192. Berlin, Heidelberg: Springer Spektrum.

Lackner, Helmut. 2004. Ein „blutiges Geschäft" – Kommunale Vieh- und Schlachthöfe im Urbanisierungsprozess des 19. Jahrhunderts: Ein Beitrag zur Geschichte der städtischen Infrastruktur. *Technikgeschichte* 71 (2): 89–138. https://doi.org/10.5771/0040-1 17x-2004-2-89.

Luthe, Tobias, Romano Wyss, und Markus Schuckert. 2012. Network governance and regional resilience to climate change: empirical evidence from mountain tourism communities in the Swiss Gotthard region. *Regional Environmental Change* 12 (4): 839–854. https://doi.org/10.1007/s10113-012-0294-5.

Mager, Elena, Martin Ritter, David Sipple, und Heiner Schanz. 2023. Mapping municipal food supply: a longitudinal-spatial case study in Southern Germany [unveröffentlichtes Manuskript]. Universität Freiburg.

Mahla, Anika, Bliss, Frank, und Karin Gaesing. 2017. Wege aus extremer Armut, Vulnerabilität und Ernährungsunsicherheit. Begriffe, Dimensionen, Verbreitung und Zusammenhänge. Institut für Entwicklung und Frieden (INEF) (AVE-Studie).

Mallwitz, Gudrun. 2020. Kommunale Bäckerei: Wenn die Stadt die Brötchen backt. Online verfügbar unter https://kommunal.de/baeckerei-Stadt, geprüft am 29.06.2016.

Meier, Maria. 2020. *Von Notstand und Wohlstand: Die Basler Lebensmittelversorgung im Krieg, 1914–1918.* Zürich: Chronos.

Millard, Jeremy, Alberto Sturla, Zdeňka Smutná, Barbora Duží, Meike Janssen, und Jan Vávra. 2022. European Food Systems in a Regional Perspective: A Comparative Study of the Effect of COVID-19 on Households and City-Region Food Systems. *Frontiers in Sustainable Food Systems* 6:138. https://doi.org/10.3389/fsufs.2022.844170.

Milstein, Alexander. 2018. Daseinsvorsorge. In *Handwörterbuch der Stadt- und Raumentwicklung*, 2018. Aufl., Hrsg. Akademie für Raumforschung und Landesplanung, 361–373. Hannover: Akademie für Raumforschung und Landesplanung.

Montanari, Massimo. 1995. *Der Hunger und der Überfluß: Kulturgeschichte der Ernährung in Europa: Kulturgeschichte der Ernährung in Europa*, 2. Aufl. München: Beck.

Moragues, A., K. Morgan, H. Moschitz, I. Neimane, H. Nilsson, M. Pinto, H. Rohtacher, R. Ruiz, T. Tisenkops, und J. Halliday. 2013. *Urban Food Strategies. The rough guide to sustainable food systems.*

Moragues-Faus, Ana, und Kevin Morgan. 2015. Reframing the foodscape: the emergent world of urban food policy. *Environment and Planning A: Economy and Space* 47 (7): 1558–1573. https://doi.org/10.1177/0308518X15595754.

Moschitz, Heidrun, und Rebekka Frick. 2018. *KERNiG – AP1.1 Bestandsaufnahme der kommunalen Ernährungssysteme – Landwirtschaftliches Produktionspotenzial und Lebensmittelflüsse.*

Moschitz, Heidrun, und Rebekka Frick. 2021. City food flow analysis. A new method to study local consumption. *Renewable Agriculture and Food Systems* 36 (2): 150–162. https://doi.org/10.1017/S1742170520000150.

Moschitz, Heidrun, Rebekka Frick, und Bernadette Oehen. 2018. Von global zu lokal. Stärkung regionaler Versorgungskreisläufe von Städten als Baustein für eine nachhaltige Ernährungspolitik – drei Fallstudien. In *Der kritische Agrarbericht 2018: Hintergrundberichte und Positionen zur Agrardebatte; Schwerpunkt: Globalisierung gestalten*, Hrsg. Friedhelm Stodieck, 185–189. Hamm: ABL Bauernblatt.

Neumeier, Stefan, und Matthias Kokorsch. 2021. Supermarket and discounter accessibility in rural Germany– identifying food deserts using a GIS accessibility model. *Journal of Rural Studies* 86:247–261. https://doi.org/10.1016/j.jrurstud.2021.06.013.

Pothukuchi, Kameshwari, und Jerome L. Kaufman. 1999. Placing the food system on the urban agenda: The role of municipal institutions in food systems planning. *Agriculture and Human Values* 16 (2): 213–224. https://doi.org/10.1023/A:1007558805953.

Pothukuchi, Kameshwari, und Jerome L. Kaufman. 2000. The Food System. *Journal of the American Planning Association* 66 (2): 113–124. https://doi.org/10.1080/01944360008976093.

Rogalinski, Daniel Theodor. 2013. Lebensmittelmärkte als kommunale Daseinsvorsorge mit Zukunft: Der Großmarkt in München. Diplomarbeit, Fachhochschule für öffentliche Verwaltung und Rechtspflege, München.

Roth, Anne, und Jan Walter. 2020. Fazit & Ausblick. In *Monitor Nachhaltige Kommune. Bericht 2020.: Schwerpunktthema Klima und Energie.*, 109–112: Bertelsmann Stiftung.

Schanz, Heiner, Michael Pregernig, Jana Baldy, David Sipple, und Sylvia Kruse. 2020. Kommunen gestalten Ernährung: neue Handlungsfelder nachhaltiger Stadtentwicklung. *DStGB Dokumentation*, 2020, Nr. 153. Deutscher Städte- und Gemeindebund, Berlin. https://doi.org/10.6094/UNIFR/154838.

Schimkat, Hella. 2018. Neue Ära für den kleinen Landmarkt: Einkaufen: Nahkauf Scholl sichert künftig die Versorgung in Unterkirnach/Ein Bürgermeister ist erleichtert. *Schwarzwälder Bote*, 10. Januar.

Schmagold, Philipp. 2012. Aktivierung kommunaler Nachhaltigkeitspotentiale in den Bereichen Ernährung und Energiewirtschaft. Dissertation, Universität Kassel. https://kobra.uni-kassel.de/handle/123456789/2012061841357.

Schneidewind, Uwe, Barbara Plagg, und Andrea Polo. 2018. Neue Stadtökonomie für Gesundheit und eine Transformation zur Nachhaltigkeit. In *Stadt der Zukunft—Gesund und nachhaltig: Brückenbau zwischen Disziplinen und Sektoren*, Hrsg. R. Fehr und Claudia Hornberg, 187–200. München: Oekom Verlag.

Schück, Felicitas. 2015. Kommt der Tante-Emma-Laden wieder?: Lebensmittel-Nahversorgung auf dem Land in kommunaler Regie: Nicht immer ist das eine Option für das Landratsamt und die IHK. *Schwarzwälder Bote*, 5. November.

Sipple, David. 2022. Märkte als Schlüssel zu einer nachhaltigen Entwicklung kommunaler Ernährungssysteme. Dissertation, Universität Freiburg.

Sipple, David, und Heiner Schanz. 2019. Nachhaltige Stadtentwicklung über kommunale Ernährungssysteme: Marktakteursnetzwerke als Ansatzpunkte zur Gestaltung und Steuerung. *Zeitschrift für Wirtschaftsgeographie* 63 (1): 1–22. https://doi.org/10.1515/zfw-2018-0024.

Sipple, David, und Heiner Schanz. 2021. Hebelpunkte für Kommunalpolitik und -verwaltung zur nachhaltigen Gestaltung lokaler Ernährungssysteme aus systemischer Perspektive. *Raumforschung und Raumordnung | Spatial Research and Planning* 79 (1): 58–72. https://doi.org/10.14512/rur.33.

Sipple, David, und Heiner Schanz. 2023a. Sustainability transitions of regional food systems: Re-interpreting local markets as communities of practices (CoPs) [unveröffentlichtes Manuskript]. Universität Freiburg.

Sipple, David, und Heiner Schanz. 2023b. Hebelpunkte und Dynamiken kommunaler Ernährungssysteme. In *Nachhaltige Gestaltung von kommunalen Ernährungssystemen*, Hrsg. David Sipple, Arnim Wiek und Heiner Schanz: Springer.

Sipple, David, und Arnim Wiek. 2023. Kommunale Instrumente zur Stärkung der nachhaltigen Ernährungswirtschaft. Hg. v. Universität Freiburg. Institut für Umweltsozialwissenschaften und Geographie. https://doi.org/10.6094/UNIFR/235345.

Sipple, David, Heiner Schanz, und Martin Ritter. 2023a. Kommunale Unternehmen der Ernährungswirtschaft: Konzeptionelle Grundlagen am Beispiel des Geschäftsmodells der Kommunalen Ernährungsmeisterei. In *Nachhaltige Gestaltung von lokalen Ernährungssystemen durch Kommunalpolitik und -verwaltung*, Hrsg. David Sipple, Arnim Wiek und Heiner Schanz: Springer.

Sipple, David, Arnim Wiek, und Sophia McRae. 2023b. Steuerbarkeit des Ernährungssystems durch Kommunalpolitik und -verwaltung. In *Nachhaltige Gestaltung von lokalen Ernährungssystemen durch Kommunalpolitik und -verwaltung*, Hrsg. David Sipple, Arnim Wiek und Heiner Schanz: Springer.

Sloane, A., und S. O'Reilly. 2013. The emergence of supply network ecosystems: a social network analysis perspective. *Production Planning & Control* 24 (7): 621–639. https://doi.org/10.1080/09537287.2012.659874.

Stadt Darmstadt. 2020. Seit fünf Jahren versorgt der EAD Kindergärten und Schulen mit warmem Mittagessen. https://www.darmstadt.de/nachrichten/darmstadt-aktuell/news/seit-fuenf-jahren-versorgt-der-ead-kindergaerten-und-schulen-mit-warmem-mittagessen.

Steinführer, Annett. 2015. Bürger in der Verantwortung. Veränderte Akteursrollen in der Bereitstellung ländlicher Daseinsvorsorge. *Raumforschung und Raumordnung* 73 (1): 5–16. https://doi.org/10.1007/s13147-014-0318-3.

Steinmeier, Fara, und Julia Kastrup. 2022. Aus- und Weiterbildung in der Gemeinschaftsverpflegung – eine Bestandsaufnahme zu und Analyse von Angeboten und deren Nachfrage. *Haushalt in Bildung und Forschung* 11 (3): 79–95. https://doi.org/10.3224/hibifo.v11i3.06.

Stierand, Philipp. 2008. Stadt und Lebensmittel: die Bedeutung des städtischen Ernährungssystems für die Stadtentwicklung. Dissertation, Technische Universität Dortmund.

Stierand, Philipp. 2014. *Speiseräume: Die Ernährungswende beginnt in der Stadt.* Berlin: Oekom Verlag.

Swinnen, Johan, und John McDermott. 2020. Covid-19 and Global Food Security. *EuroChoices* 19 (3): 26–33. https://doi.org/10.1111/1746-692X.12288.

Tillack, Désriée, und Lorenz Hornbostel. 2023. Kommunale Resilienz als Innovationsmotor und Garant künftiger Daseinsvorsorge. In *Resilienz: Leben – Räume – Technik*, Hrsg. Volker Wittpahl, 83–98: Springer Vieweg, Berlin, Heidelberg.

Vermeulen, Sonja J., Bruce M. Campbell, und John S.I. Ingram. 2012. *Climate Change and Food Systems*.

Viljoen, André, und Johannes S. C. Wiskerke. 2012. Chapter 1 Sustainable urban food provisioning: challenges for scientists, policymakers, planners and designers. In *Sustaina-*

ble food planning: Evolving theory and practice, Hrsg. André Viljoen und Johannes S. C. Wiskerke, 19–36. Wageningen: Wageningen Academic Publishers.

Wiek, Arnim, David Sipple, Sebastian Pomm, Michael Krumböck, und Hans-Jörg Henle. 2023. Integration von Instrumenten der Kommunalpolitik und -verwaltung zur nachhaltigen Entwicklung der lokalen Ernährungswirtschaft: Beispiele aus Leipzig und Leutkirch. In *Nachhaltige Gestaltung von lokalen Ernährungssystemen durch Kommunalpolitik und -verwaltung*, Hrsg. David Sipple, Arnim Wiek und Heiner Schanz: Springer.

Willett, Walter, Johan Rockström, Brent Loken, Marco Springmann und Tim Lang, et al. 2019. Food in the Anthropocene: the EAT–Lancet Commission on healthy diets from sustainable food systems. *The Lancet* 393 (10170): 447–492. https://doi.org/10.1016/S0140-6736(18)31788-4.

Hebelpunkte der Kommunalpolitik und -verwaltung zur nachhaltigen Gestaltung lokaler Ernährungssysteme

David Sipple und Heiner Schanz

Zusammenfassung

Lokale Ernährungssysteme sind von komplexen Ursache-Wirkungs-Zusammenhängen und Dynamiken geprägt, wie empirische Analysen zeigen. Im vorliegenden Beitrag wird ein lokales Ernährungssystem als idealtypisches Kausalschleifendiagramm modelliert und analysiert. Damit lassen sich spezifische Hebelpunkte für die Kommunalpolitik und -verwaltung ableiten, durch deren Ansteuerung kommunale Nachhaltigkeitsziele im Themenfeld Ernährung erreicht werden können.

1 Einleitung

Viele Praktiker*innen aus Kommunalpolitik und -verwaltung betrachten ernährungsrelevante Fragestellungen als thematisch schwer fassbar, geschweige denn kommunalpolitisch steuerbar. In der Wahrnehmung von kommunalpolitischen Akteuren sind Produktion, Verarbeitung, Handel und Konsum von Lebensmitteln vor allem durch Prozesse auf nationaler und globaler Ebene gesteuert (Brinkley 2013; Pothukuchi und Kaufman 1999, 2000; Morley und Morgan 2021; Schanz

D. Sipple (✉) · H. Schanz
Universität Freiburg, Freiburg, Deutschland
E-Mail: david.sipple@vwl.uni-freiburg.de

H. Schanz
E-Mail: heiner.schanz@envgov.uni-freiburg.de

© Der/die Autor(en) 2024   21
D. Sipple et al. (Hrsg.), *Nachhaltige Gestaltung von lokalen Ernährungssystemen durch Kommunalpolitik und -verwaltung,* Stadtforschung aktuell, https://doi.org/10.1007/978-3-658-42720-7_2

et al. 2020; Sipple und Schanz 2019). Dies hat zur Folge, dass das Thema Ernährung bisher nur von wenigen Städten und Gemeinden in Deutschland als Handlungsfeld von Politik und Verwaltung zur Nachhaltigkeitssteuerung wahrgenommen wird. Die vorhandenen ernährungsbezogenen kommunalpolitischen Aktivitäten lassen bislang häufig eine kohärente Strategie vermissen bzw. identifizieren
keine systemischen Ansatzpunkte für eine nachhaltige Gestaltung lokaler Ernährungssysteme. Diese Situation wird auch von kommunalen Akteur*innen aus Politik, Verwaltung, Wirtschaft und Zivilgesellschaft selbst als unbefriedigend erlebt
(Baldy 2019).

Ein Gegengewicht dazu bilden Koalitionsverträge auf Bundes- und Landesebene sowie kommunalpolitische Strategiepapiere in mehreren Großstädten, die
eine „Ernährungswende" hin zu Nachhaltigkeit ermöglichen sollen (SPD et al.
2021; Bündnis 90/Die Grünen und CDU 2021; Thurn 2020). Tatsächlich beschränken sich Umsetzungsbeispiele für umfassende Betrachtungen des Ernäh-
rungsbereichs im Kontext von Städten und Gemeinden bisher auf den angloa-
merikanischen Raum (Carey 2013; Morley und Morgan 2021; Ilieva 2019). Im
deutschsprachigen Raum gibt es nur wenige Beispiele, die entweder den Fokus
rein auf Großstädte legen (Doernberg et al. 2019; Fesenfeld 2016), auf Bürgerbe-
teiligungen mit lediglich moderierender Rolle der Kommunalverwaltung Bezug
nehmen (Schanz et al. 2020) oder nur auf einzelne Bereiche der lokalen Ernährungswirtschaft abzielen (Sipple und Schanz 2021).

Die Potenziale kommunaler Nachhaltigkeitssteuerung im Ernährungsbereich
können nur realisiert werden, wenn die Wirkungszusammenhänge zwischen
Kommunen und Ernährung *systemisch,* d. h. ganzheitlich und in ihren Dynamiken, erfasst werden. Darauf aufbauend sollte gezielt nach Ansatzpunkten und He-
belwirkungen für die nachhaltige Entwicklung des lokalen Ernährungssystems
gesucht werden.

Lokale Ernährungssysteme auf Ebene einer Kommune werden dabei definiert
als

> „die Vielfalt an direkt und indirekt ernährungsbezogenen Aktivitäten und Bezie-
> hungen zwischen allen relevanten Akteursgruppen – von der Stadtverwaltung über
> Unternehmen und Betriebe, Vereine und Initiativen bis zur Bevölkerung – in allen
> Bereichen von der Produktion, über die Verarbeitung, Versorgung, Zubereitung bis
> hin zu Konsum und Entsorgung von Nahrungsmitteln in der Stadt." (Schanz et al.
> 2020, S. 9)

Durch ihren engen Bezug zu alltäglichen Praktiken und ihre Querverbindungen
zu anderen Sektoren (Gesundheit, Verkehr, Energie, Tourismus etc.) gelten lokale

Ernährungssysteme als zentrales Themenfeld der nachhaltigen Stadt- und Kommunalentwicklung (Schanz et al. 2020; Stierand 2016; Viljoen und Wiskerke 2012). Kommunale Ernährungssysteme sind in komplexe soziale, ökologische und ökonomische Prozesse eingebunden, die durch spezifische Ursache-Wirkungs-Beziehungen und Rückkopplungen miteinander verbunden sind (Kopainsky et al. 2017; Thompson et al. 2007). Diese zu kennen, ist eine Voraussetzung dafür, Hebelpunkte für die nachhaltige Gestaltung zu identifizieren und anzusteuern.

Nachhaltige Ernährung wird hier über spezifische, evidenzbasierte Nachhaltigkeitskriterien der Deutschen Gesellschaft für Ernährung (DGE) definiert (2022a). Diese fokussieren auf nachhaltige Ernährungsgewohnheiten, die Saisonalität von Lebensmitteln, die Reduzierung des Fleischkonsums und die Vermeidung von Lebensmittelverschwendung. Die DGE orientiert sich dabei sowohl an den Sustainable Development Goals (SDGs) der Vereinten Nationen als auch an den Zielen der United Nations Food and Agriculture Organization (FAO 2019).

Ziel dieses Beitrags ist es, idealtypische Hebelpunkte der Kommunalpolitik und -verwaltung für die nachhaltige Gestaltung von Ernährungssystemen zu identifizieren. Dafür werden alle Bereiche kommunaler Ernährungssysteme und der lokalen Ernährungswirtschaft sowie die kommunale Politik, Verwaltung und Zivilgesellschaft berücksichtigt. Zur Erfassung von komplexen Systemen und ihrer Dynamiken hat sich die Methodik der System Dynamics (SD) und innerhalb dieser die qualitative Modellierung bewährt (Martinez-Moyano und Richardson 2013; Holtz et al. 2015; Sterman 2002). Im Folgenden werden alle Komponenten, Wechselwirkungen und Dynamiken des kommunalen Ernährungssystems sowie die Systemreaktionen auf mögliche Interventionen der Kommunalpolitik und -verwaltung herausgearbeitet. Ziel ist es, Rückkopplungsprozesse und Zeitverzögerungen zu erkennen und in ihren Auswirkungen zu verstehen, um dann Muster bzw. „Archetypen" des Systemverhaltens zu bestimmen (Senge 2021; Sweeney und Sterman 2000). Abschließend sollen konkrete Hebelpunkte für die nachhaltige Gestaltung von lokalen Ernährungssystemen auf Ebene der Kommunalpolitik und -verwaltung identifiziert werden (Valente 2012; Valente et al. 2015).

Qualitative Kausalschleifenmodellierungen sind geeignet, solche systemischen Hebelpunkte zu identifizieren (Kopainsky et al. 2017; Kimmich et al. 2019; Sipple und Schanz 2021). Unterschieden werden partizipative Modellierungsmethoden unter Einbeziehung relevanter Stakeholders vs. expert*innenbasierte oder konzeptionelle Kausalschleifenmodellierungen. Die nachfolgende Modellierung basiert auf einer qualitativen Inhaltsanalyse wissenschaftlicher und praxisrelevanter Dokumente aus dem transdisziplinären Forschungsprojekt KER-NiG[1]. Analysiert wurden in diesem die Ernährungssysteme der beiden süddeutschen Mittelstädte Leutkirch im Allgäu und Waldkirch im Breisgau, die von ihrer Politik- und Verwaltungsstruktur typisch sind für viele Kommunen im ländlichen Raum in Deutschland. Die hier vorgestellte Modellierung leitet aus den Ergebnissen evidenzbasiert Hebelpunkte für Kommunalpolitik und -verwaltung ab, die für die nachhaltige Gestaltung des kommunalen Ernährungssystems genutzt werden können. Die Ziele der Modellierung sind: 1) die zentralen Variablen lokaler Ernährungssysteme zu definieren, 2) Ursache-Wirkungs-Dynamiken durch die Modellierung von Kausalschleifendiagrammen (CLD = Causal Loop Diagrams) zu bestimmen, und 3) Hebelpunkte für die nachhaltige Gestaltung lokaler Ernährungssysteme auf Ebene der Kommunalpolitik und -verwaltung zu identifizieren.

2   Systemische Perspektive auf Ernährung im kommunalen Kontext

Lokale Ernährungssysteme im kommunalen Kontext sind durch vielseitige soziale, ökonomische, ökologische und technische Wechselwirkungen gekennzeichnet (Schrode et al. 2019; Béné et al. 2019). Bei der Modellierung von Kausalschleifendiagrammen geht es darum, die *zentralen* Systemvariablen dieser Wechselwirkungen und ihre Dynamiken zu bestimmen (Radzicki 1990; Richardson 2011). Darauf aufbauend lassen sich „Hebelpunkte" (leverage points) für Interventionen identifizieren. Das Ansteuern dieser Hebelpunkten kann „Rebound"-Effekte, d. h. Rückkopplungen zur Folge haben, welche die Wirkung der Intervention befördern oder hindern können. Komplexe Systeme verhalten sich bei Interventionen oft kontraintuitiv, d. h. Interventionen führen nicht zwangsläufig zum gewünschten Ergebnis (Meadows 1999, 2019). Auch die Steuerung von Ernährungssystemen durch Kommunalpolitik und -verwaltung erfordert deshalb eine systemische Perspektive (Moragues et al. 2013).

Bisher gibt es nur wenige Arbeiten, die systemdynamische Modellierung zur Ableitung von Hebelpunkten für mehr Nachhaltigkeit nutzen (Rich et al. 2018; Sipple und Schanz 2021; Santarius 2014). Gleichzeitig liegt der Mehrwert solcher

---

[1] Das transdisziplinäre Forschungsprojekt KERNiG (Kommunale Ernährungssysteme als Schlüssel zu einer umfassend-integrativen Nachhaltigkeits-Governance) hatte eine Laufzeit von drei Jahren zwischen 2016 und 2019 und wurde vom Bundesministerium für Bildung und Forschung gefördert (FKZ: 01UR2014).

Ansätze auf der Hand: die Modellierung ermöglicht sowohl die Ableitung von Hebelpunkten für systemische Interventionen, als auch ein Nachvollziehen ihrer Wirkungs- bzw. Funktionsweisen (Freeman et al. 2016; Hirschnitz-Garbers et al. 2018). So können auch Interventionen identifiziert werden, die zwar kurzfristig sinnvoll erscheinen, langfristig aber vom eigentlichen Ziel abweichen und sogar zu gegenteiligen Ergebnissen führen. Der vorliegende Beitrag zielt darauf ab, für Kommunalpolitik und -verwaltung spezifische Hebelpunkte zur Gestaltung lokaler Ernährungssysteme in Richtung Nachhaltigkeit zu identifizieren. Diese Hebelpunkte werden dabei auch auf unerwünschte Wirkungen hin überprüft und alternative Strategien aufgezeigt.

3 Methodischer Ansatz

3.1 Kausalschleifendiagramme (CLDs) zur Ableitung von Systemarchetypen

Bei der Modellierung von Ursache-Wirkungs-Diagrammen bzw. Kausalschleifen-diagrammen (CLDs = Causal Loop-Diagrams) handelt es sich um eine bewährte Methode zur Analyse von Systemen und zur Identifizierung von Hebelpunkten (Holtz et al. 2015). Die dabei aus den Daten modellierten CLDs können als „Sätze" verstanden werden, die durch die Identifizierung und Verknüpfung von Schlüsselvariablen gebildet werden. Durch die Verknüpfung dieser Sätze entstehen zusammenhängende Rückkopplungsschleifen (sog. „Loops") und damit eine kohärente Erzählung über das analysierte System (Kim 2011). Dabei soll ein bestmögliches Systemverständnis entwickelt werden, indem die Strukturen und Rückkopplungen modelliert und abgebildet werden (Sverdrup und Olafsdottir 2020). Die qualitative Modellierung von CLDs erleichtert die Beschreibung, Kommunikation und Diskussion von Systemen. Dies erleichtert die Zusammenarbeit zwischen verschiedenen Akteur*innen und ihren Sichtweisen, z. B. zwischen Politik, Planung und Wissenschaft (Pfaffenbichler 2011). Die Modellierung zielt insbesondere auf die Identifikation von Verhaltensmustern und Wirkungszusammenhängen zentraler Systemvariablen ab. Durch die Offenlegung dieser systemimmanenten Dynamiken können dann Hebelpunkte identifiziert werden, um Interventionen zu prüfen und abzuleiten, die ein System in eine gewünschte Richtung bewegen können (Richardson 2011). Als Hebelpunkte werden die Bereiche in einem System bezeichnet, an denen angesetzt werden kann, um Veränderungen in eine gewünschte Richtung zu bewirken (Meadows 2011).

In einem weiteren Schritt können CLDs anhand der Typologie sogenannter Systemarchetypen interpretiert und in ihrer Wirkungsweise eingeordnet werden (Senge 2021). Systemarchetypen beschreiben unbeabsichtigte, oft kontraintuitive Reaktionen eines Systems sowie gezielte Maßnahmen, um dem entgegenzuwirken (Wolstenholme 2003). Sie erleichtern die Einordnung und das Verständnis komplexen Systemverhaltens und ermöglichen eine nachvollziehbare Identifikation von Hebelpunkten und Interventionsstrategien. Hierfür gibt es bereits Beispiele aus dem Bereich der Förderung kleinbäuerlicher Betriebsstrukturen (Setianto et al. 2014) oder der Prävention des Betrieberückgangs im lokalen Lebensmittelhandwerk (Sipple und Schanz 2021). Die Systemarchetypenanalyse ist empirisch überprüfbar und ermöglicht die Untersuchung systemrelevanter Entscheidungen (Oberlack et al. 2019; Eisenack et al. 2019). Die abgeleiteten Systemarchetypen erleichtern das Verständnis komplexen Systemverhaltens und ermöglichen die Identifikation von Interventionsstrategien in Form von Hebelpunkten (Setianto et al. 2014). Senge (2021) beschreibt zehn wesentliche Systemarchetypen: 1) Die zeitverzögerte Balance; 2) Die Eskalation; 3) Erfolg den Erfolgreichen; 4) Grenzen des Wachstums; 5) Problemverschiebung; 6) Scheiternde Korrekturen; 7) Abrutschende Ziele; 8) Ungewollte Gegnerschaft; 9) Tragödie der Allmende; 10) Wachstum und Unterinvestition.

3.2   Modellierung eines lokalen Ernährungssystems

Die in diesem Beitrag vorgestellte Systemmodellierung basiert auf der Auswertung aller Ergebnisse des ersten Projektteils des vom BMBF-geförderten Forschungsprojekts KERNiG (Schanz et al. 2020). Insgesamt wurden 90 projektinterne, nicht-öffentliche sowie öffentliche Dokumente, wie wissenschaftliche Publikationen, Präsentationen, Policy Briefs sowie Projektberichte in die Analyse einbezogen (s. Tab. 1). Diese Textdokumente wurden anhand der genannten Forschungsfragen mit der Software MAXQDA® nach den Methoden der qualitativen Inhaltsanalyse ausgewertet (Mayring 2015; Flick 2019; Rädiker und Kuchartz 2019). Auf diesem Wege wurden die zentralen Systemvariablen lokaler Ernährungssysteme sowie die Wirkungszusammenhänge zwischen diesen erfasst (s. Tab. 1). Es ist wichtig zu betonen, dass die Modellierung ausschließlich auf Forschungsergebnissen aus den Kommunen Leutkirch im Allgäu und Waldkirch im Breisgau basiert.

Die CLDs wurden mit der Software Stella Architect® erstellt. In der Darstellung der CLDs zeigen die Pfeile die Ursache-Wirkungs-Beziehungen zwischen

Tab. 1 Variablen, Indikatoren, Erhebungsmethoden und Ausprägungen lokaler Ernährungssysteme und zugehörige Quellen des KER-NiG-Projekts

Systemvariablen	Indikator(en)	Ausprägungen	Quellen
Negative Auswirkungen von Ernährung auf Umwelt und Gesundheit	CO_2-Emissionen, Biodiversität-Index, BMI-Index, etc. (Messungen)	Starke vs. Schwache negative Auswirkungen	Baldy und Kruse (2019), Bietz und Reisch (2019), Meier et al. (2019), Moschitz et al. (2018), Moschitz und Frick (2021) und Schanz et al. (2020)
Wahrgenommene negative Auswirkungen von Ernährung auf Umwelt und Gesundheit	# und % genannter Auswirkungen (Befragung)	Viele vs. Wenige Auswirkungen wahrgenommen	Baldy und Kruse (2019), Baldy et al. (2021), Eckhardt und Schrode (2017) und Schanz et al. (2020)
Wissen über nachhaltige Ernährung	# und % genannter DGE-Richtlinien (Befragung)	Profundes vs. Geringes Wissen	Hennchen und Pregernig (2020), Kruse (2021) und Schanz et al. (2020)
Verbreitungsgrad nachhaltiger Ernährungsgewohnheiten	# und % Personen, die angeben, sich nachhaltig zu ernähren (Befragung)	Hoher vs. Niedriger Verbreitungsgrad	Baldy und Kruse (2019), Eckhardt und Schrode (2018), Hennchen (2019, 2021), Hennchen und Pregernig (2020), Bauer et al. (2021), Bietz und Reisch (2019) und Schanz et al. (2020)
Soziale Anerkennung für nachhaltige Ernährungsgewohnheiten	# und % unterstützender Werbung, Medien-Beiträge, etc. (Zählungen)	Hohe vs. Geringe Anerkennung	Baldy (2019), Baldy und Kruse (2019), Baldy et al. (2021), Kruse (2021), Hennchen und Pregernig (2020) und Schanz et al. (2020)
Motivation für nachhaltige Ernährungsgewohnheiten	# und % Personen, die angeben, motiviert zu sein, sich nachhaltig zu ernähren (Befragung)	Hohe vs. Geringe Motivation	Baldy (2019), Bietz und Reisch (2019), Bauer et al. (2021) und Schanz et al. (2020)

(Fortsetzung)

Tab. 1 (Fortsetzung)

Systemvariablen	Indikator(en)	Ausprägungen	Quellen
Nachfrage nach Produkten für nachhaltige Ernährung	# und % gekaufter Produkte (Zählung)	Hohe vs. Niedrige Nachfrage	Bietz und Reisch (2019), Meier et al. (2019), Moschitz und Frick (2018, 2021), Sipple und Schanz (2019, 2021) und Schanz et al. (2020)
Spezialisierungsbestrebungen lokaler Ernährungswirtschaft auf nachhaltige Produkte	# und % Betriebe, die angeben, sich auf nachhaltige Produkte spezialisieren zu wollen (Befragung)	Starke vs. Schwache Bestrebungen	Kruse (2021), Hennchen (2019), Sipple und Schanz (2021) und Schanz et al. (2020)
Anzahl der Betriebe der lokalen nachhaltigen Ernährungswirtschaft	# und % Betriebe	Große vs. Kleine Anzahl	Baldy und Kruse (2019), Meier et al. (2019), Moschitz und Frick (2018, 2021), Sipple und Schanz (2021) und Schanz et al. (2020)
Angebot von Produkten für nachhaltige Ernährung	# und % angebotener Produkte (Zählung)	Hohes vs. Geringes Angebot	Moschitz und Frick (2018, 2021), Sipple und Schanz (2019, 2021) und Schanz et al. (2020)
Kooperationsgrad innerhalb der lokalen nachhaltigen Ernährungswirtschaft	# und % der Kooperationen (inkl. vertraglich geregelt)	Hoher vs. Niedriger Kooperationsgrad	Baldy (2019), Baldy und Kruse (2019), Eckhardt und Schrode (2017), Hennchen und Pregernig (2020), Kruse (2021), Sipple und Schanz (2019) und Schanz et al. (2020)

(Fortsetzung)

Tab. 1 (Fortsetzung)

Systemvariablen	Indikator(en)	Ausprägungen	Quellen
Sichtbarkeit nachhaltiger Ernährungswirtschaft	# und % vorstellender Werbung, Medienbeiträge, etc. (Zählungen)	Hohe vs. Geringe Sichtbarkeit	Baldy und Kruse (2019), Baldy et al. (2021), Moschitz et al. (2018), Moschitz und Frick (2021), Kruse (2021), Sipple und Schanz (2019, 2021) und Schanz et al. (2020)
Fokus kommunaler Wirtschaftspolitik auf nachhaltige Ernährungswirtschaft	# und % an Verordnungen, Finanzierungen, etc. (Zählungen)	Starke vs. Schwache Ausrichtung	Baldy (2019), Baldy und Kruse (2019), Baldy et al. (2021), Eckhardt und Schrode (2017, 2018), Meier et al. (2019), Kruse (2021), Sipple und Schanz (2021) und Schanz et al. (2020)
Fokus kommunaler Bildungspolitik auf nachhaltige Ernährung	# und % an Bildungsangeboten, etc. (Zählungen)	Starke vs. Schwache Ausrichtung	Baldy (2019), Eckhardt und Schrode (2017, 2019), Hennchen und Pregernig (2020), Kruse (2021

den Variablen auf. Gekrümmte Pfeile stehen für abhängige Variablen, gerade Pfeile für unabhängige Variablen. Ein positives (+) oder negatives (−) Vorzeichen an der Pfeilspitze zeigt an, ob sich die Variablen entlang der Pfeilrichtung in die gleiche (+) oder in die entgegengesetzte (−) Richtung verändern. Wenn die Pfeile aneinandergereiht eine Schleife bilden, liegt eine Rückkopplungsschleife vor. Diese kann selbstverstärkend sein, bewegt sich vom Gleichgewichtspunkt weg und ist dann mit einem „R" gekennzeichnet (R = reinforcing, dt. selbstverstärkend; gerade Anzahl von + und − in der Rückkopplungsschleife). Sie kann aber auch ausgleichend sein, bewegt sich in Richtung Gleichgewicht und somit den Veränderungen entgegen und ist dann mit einem „B" gekennzeichnet (B = balancing, dt. ausgleichend; ungerade Anzahl von + oder − in der Rückkopplungsschleife). Ein doppelter Strich durch den Pfeil beschreibt eine zeitverzögerte Wirkung der jeweiligen Dynamik (Kim 2011; Sverdrup und Olafsdottir 2020; Sterman 2002).

4   Ergebnis: Dynamiken und Hebelpunkte eines lokalen Ernährungssystems

Durch die systematische Auswertung der Projektergebnisse von KERNiG konnten insgesamt 14 Variablen identifiziert werden. Diese sind für die nachhaltige Gestaltung lokaler Ernährungssysteme auf Ebene der Kommunalpolitik und -verwaltung relevant (s. Tab. 1). Die identifizierten Variablen basieren ausschließlich auf den Forschungsergebnissen aus den Kommunen Leutkirch im Allgäu und Waldkirch im Breisgau.

Abb. 1 zeigt die Modellierung eines lokalen Ernährungssystems. Als Zielvariable wurde der *Verbreitungsgrad nachhaltiger Ernährungsgewohnheiten* identifiziert. Um ein lokales Ernährungssystem in Richtung Nachhaltigkeit zu gestalten, muss diese Variable erhöht werden. Unter „nachhaltigen" Ernährungsgewohnheiten werden die Einhaltung der sog. „Zehn Regeln der DGE" (DGE = Deutsche Gesellschaft für Ernährung) (DGE 2022a) sowie die Einhaltung der Nachhaltigkeitskriterien der DGE verstanden (DGE 2022b). Letztere beinhalten u. a. die Betonung der Saisonalität, die Reduzierung des Fleisch- und Fischkonsums und die Vermeidung von Lebensmittelverschwendung.

Die Modellierung besteht aus fünf zentralen Rückkopplungsschleifen (B1-2 und R1-3; s. Abb. 1). Diese werden im Folgenden in ihrer Funktionsweise detailliert erläutert. Auf Basis des Modells lassen sich zentrale Dynamiken des Systemverhaltens identifizieren, aus denen sich Archetypen und darauf aufbauend konkrete Hebelpunkte ableiten lassen. Diese Systemarchetypen können als eine

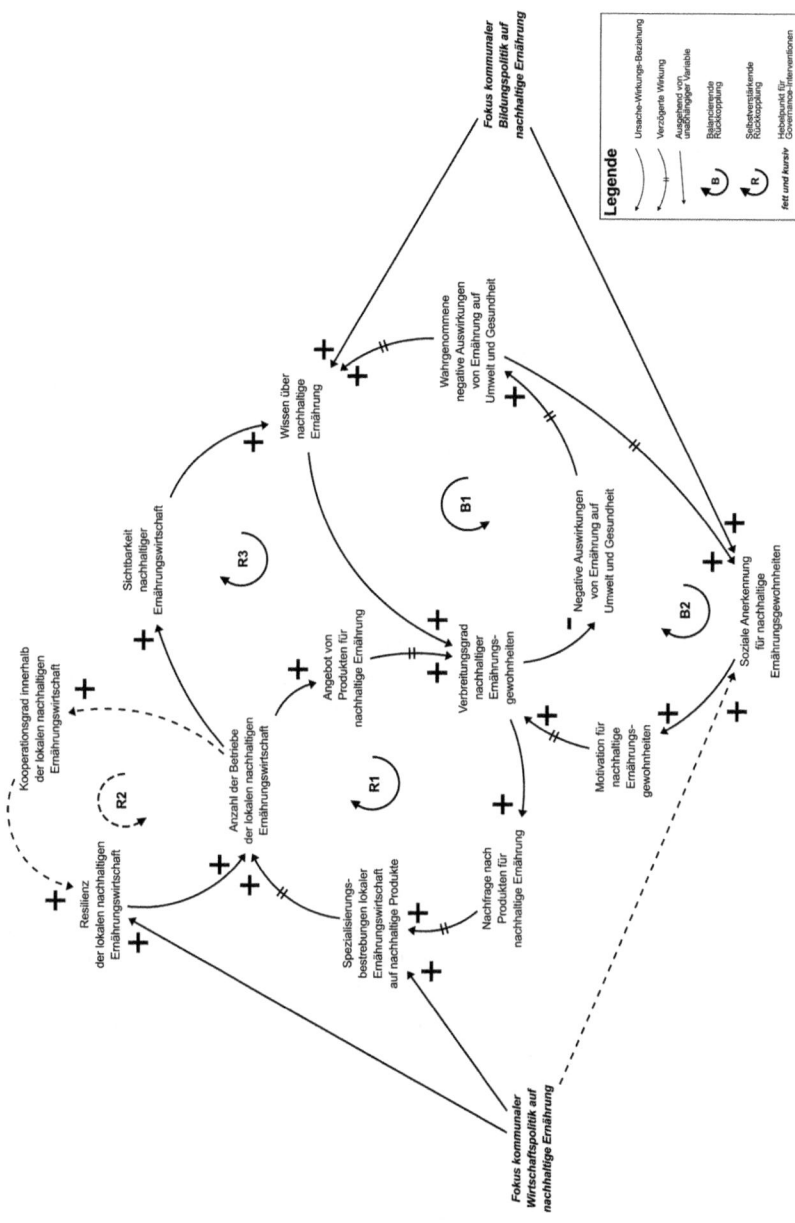

Abb. 1 Modellierung eines kommunalen Ernährungssystems. (Eigene Darstellung)

der Hauptursachen dafür identifiziert werden, dass die Gestaltung nachhaltiger Ernährungssysteme durch Kommunalpolitik und -verwaltung nur langsam oder kaum vorankommt.

4.1   Ernährungsbildung als Reaktion auf negative Auswirkungen des Ernährungssystems

Ausgangssituation: Ein anhaltend geringer *Verbreitungsgrad nachhaltiger Ernährungsgewohnheiten* hat stetig zunehmende *negative Auswirkungen der Ernährung auf Umwelt und Gesundheit* zur Folge. Dies realisiert die Bevölkerung mit zeitlicher Verzögerung, womit die *wahrgenommenen negativen Auswirkungen von Ernährung auf Umwelt und Gesundheit* zunehmen. In der Folge setzt sich ein immer größerer Teil der Bevölkerung mit diesen negativen Auswirkungen auseinander, was zwar auch mit einer zeitlichen Verzögerung geschieht, aber letztlich das *Wissen über nachhaltige Ernährungsgewohnheiten* stärkt. Dies wiederum erhöht den *Verbreitungsgrad nachhaltiger Ernährungsgewohnheiten vor Ort* (balancierende Rückkopplung B1). Durch die Zunahme der *wahrgenommenen negativen Auswirkungen von Ernährung auf Umwelt und Gesundheit* steigt auch die *soziale Anerkennung für nachhaltige Ernährungsgewohnheiten* (sog. „Peer Group Pressure"). Dies führt zu einer erhöhten *Motivation für nachhaltige Ernährungsgewohnheiten* und erhöht mit einer zeitlichen Verzögerung auch den *Verbreitungsgrad nachhaltiger Ernährungsgewohnheiten vor Ort* (balancierende Rückkopplung B2).

Dynamiken und Archetyp:

- Die ausgleichenden Rückkopplungen B1 und B2 führen langfristig zu einer Verringerung der *negativen Auswirkungen der Ernährung auf Umwelt und Gesundheit* und damit zu einer Annäherung an den Zielzustand nachhaltiger Ernährungssysteme. Dies geschieht jedoch mit verschiedenen zeitlichen Verzögerungen. Vielen dieser Verzögerungen kann nur bedingt entgegengewirkt werden, da z. B. Wissensbildung grundsätzlich Zeit benötigt. Einige Kommunen unterstützen diese Prozesse bereits, indem sie den *Fokus kommunaler Bildungspolitik auf nachhaltige Ernährung* verstärken und damit sowohl das *Wissen über nachhaltige Ernährungsgewohnheiten* (B1) als auch die *Soziale Anerkennung für nachhaltige Ernährungsgewohnheiten* vergrößern.
- Ausgehend von der Beschreibung der CLDs lässt sich hier der Systemarchetyp „Gleichgewichtsprozess mit Verzögerung" identifizieren, da sowohl der

Zuwachs an *Wissen über-* als auch der Zuwachs an *Motivation für nachhaltige Ernährungsgewohnheiten* durch starke zeitlich-prozessuale Verzögerungen geprägt sind. Dies gilt dadurch auch für den Zuwachs im *Verbreitungsgrad nachhaltiger Ernährungsgewohnheiten vor Ort* und somit für auch für die Reduzierung der *negativen Auswirkungen der Ernährung auf Umwelt und Gesundheit.* Der identifizierte Archetyp birgt einerseits die Gefahr, dass aufgrund solcher Verzögerungen Korrekturmaßnahmen vorzeitig abgebrochen werden, da systemimmanenten Verzögerungen (teilweise) nicht erkannt werden. Andererseits besteht die Gefahr, dass Korrekturmaßnahmen unnötig intensiviert werden, da die anvisierte Wirkung häufig ebenfalls erst mit Verzögerung sichtbar wird und/oder das Ausmaß der Verzögerungen nicht bekannt ist (Senge 2021, S. 451).

4.2   Fehlendes Angebot für nachhaltige Ernährung vor Ort

Ausgangssituation: Ein anhaltend geringer *Verbreitungsgrad nachhaltiger Ernährungsgewohnheiten vor Ort* führt zu einer stetig sinkenden *Nachfrage nach Produkten für nachhaltige Ernährung.* Dies wirkt sich zeitverzögert negativ auf die *Spezialisierungsbestrebungen lokaler Ernährungswirtschaft auf nachhaltige Produkte* aus und schwächt wiederum zeitverzögert die *Anzahl der Betriebe der lokalen nachhaltigen Ernährungswirtschaft.* Dadurch sinkt das *Angebot von Produkten für nachhaltige Ernährung*, was zeitverzögert zu einer Schwächung des *Verbreitungsgrad nachhaltiger Ernährungsgewohnheiten vor Ort* führt (selbstverstärkende Rückkopplung R1). Darüber hinaus verursacht ein Rückgang der *Anzahl der Betriebe der lokalen nachhaltigen Ernährungswirtschaft* einen Rückgang der *Kooperation innerhalb der lokalen nachhaltigen Ernährungswirtschaft,* was sich negativ auf die *Resilienz der lokalen nachhaltigen Ernährungswirtschaft* auswirkt. Dies beschleunigt wiederum den Rückgang der *Anzahl der Betriebe der lokalen nachhaltigen Ernährungswirtschaft* (selbstverstärkende Rückkopplung R2). Die Dynamik von R2 wirkt sich verstärkend auf R1 aus und schwächt damit zusätzlich das *Angebot von Produkten für nachhaltige Ernährung* und somit den *Verbreitungsgrad nachhaltiger Ernährungsgewohnheiten vor Ort.* Zudem führt eine abnehmende *Anzahl der Betriebe der lokalen nachhaltigen Ernährungswirtschaft* zu einer abnehmenden *Sichtbarkeit der lokalen nachhaltigen Ernährungswirtschaft* insgesamt (sog. „Delokalisierung", siehe Abschn. 4.2). Dies wirkt sich negativ auf das *Wissen über nachhaltige Ernährung* aus, wodurch der *Verbreitungsgrad nachhaltiger Ernährungsgewohnheiten vor Ort* weiter abnimmt (selbstverstärkende Rückkopplung R3). Die Dynamik von R3 verstärkt somit R1 und schwächt B2.

Dynamiken und Archetyp:

- Die ausgleichenden Rückkopplungsschleifen B1 und B2 führen zu einer Stärkung des *Verbreitungsgrades nachhaltiger Ernährungsgewohnheiten vor* Ort. Gleichzeitig machen die Rückkopplungsschleifen R1 bis R3 deutlich, wie ein zu geringer oder nicht vorhandener *Fokus kommunaler Wirtschaftspolitik auf nachhaltige Ernährung* dazu führen kann, dass der *Verbreitungsgrad nachhaltiger Ernährungsgewohnheiten vor Ort* durch ein fehlendes *Angebot an nachhaltigen Lebensmitteln vor Ort* geschwächt wird.
- Hieraus lässt sich der Archetyp „Scheiternde Korrekturen" ableiten. So wird den *negativen Auswirkungen der Ernährung auf Umwelt und Gesundheit* sowohl über eine Zunahme der *wahrgenommenen negativen Auswirkungen von Ernährung auf Umwelt und Gesundheit* sowie einem stärkeren *Fokus kommunaler Bildungspolitik auf nachhaltige Ernährung* zunächst erfolgreich entgegengewirkt (B1–B2). Gleichzeitig verschärft sich die Problematik aber über die nicht beachteten selbstverstärkenden Rückkopplungen R1 bis R3. Diese schwächen das *Angebot von Produkten für nachhaltige Ernährung* und damit den *Verbreitungsgrad nachhaltiger Ernährungsgewohnheiten vor Ort*, wodurch die *negativen Auswirkungen der Ernährung auf Umwelt und Gesundheit* wiederrum zunehmen (Senge 2021, S. 463).

4.3   Hebelpunkte zur nachhaltigen Gestaltung lokaler Ernährungssysteme

Auf der Grundlage der Modellierung lassen sich zwei zentrale Hebelpunkte der Kommunalpolitik und -verwaltung identifizieren, die dazu beitragen, die negativen Auswirkungen der Ernährung auf Umwelt und Gesundheit zu reduzieren und eine nachhaltige Gestaltung lokaler Ernährungssysteme zu ermöglichen. Hierbei handelt es sich um den *Fokus kommunaler Bildungspolitik auf nachhaltige Ernährung* sowie den *Fokus kommunaler Wirtschaftspolitik auf nachhaltige Ernährung* (s. Tab. 2). Beide Hebelpunkte setzen an unterschiedlichen Systemvariablen an und nutzen unterschiedliche Wirkungsdynamiken. Die Ergebnisse zeigen, dass eine Betätigung der jeweiligen Hebelpunkte interdependente und teilweise paradoxe Dynamiken auslöst und auf die gleichen Ressourcen zurückgreift. Ein Ansetzen sollte daher aufeinander abgestimmt sein, in ähnlichem Umfang und nicht einseitig zu Gunsten eines der Hebelpunkte erfolgen. Dafür spricht auch das

Tab. 2 Hebelpunkte der Kommunalverwaltung und -politik zur nachhaltigen Gestaltung lokaler Ernährungssysteme sowie deren Wirkungsziele. (Eigene Darstellung)

Hebelpunkte	Wirkungsziele
Stärkung des *Fokus kommunaler Bildungspolitik auf nachhaltige Ernährung*	• Zunahme des *Wissens über nachhaltige Ernährungsgewohnheiten* • Zunahme der *sozialen Anerkennung für nachhaltige Ernährung*
Stärkung des *Fokus kommunaler Wirtschaftspolitik auf nachhaltige Ernährung*	• Zunahme der *Resilienz der lokalen nachhaltigen Ernährungswirtschaft* • Zunahme der *Spezialisierungsbestrebungen lokaler Ernährungswirtschaft auf nachhaltige Produkte* • Zunahme der *sozialen Anerkennung nachhaltiger Ernährungsgewohnheiten*

generelle Verständnis von kommunaler Ernährungspolitik als integrative Querschnittsaufgabe (Spiller et al. 2017; Schanz et al. 2020; Stierand 2008).

4.4 Kommunalpolitische Spielräume für die Gestaltung nachhaltiger Ernährungssysteme

Eine erfolgreiche Stärkung nachhaltiger Ernährungssysteme erfordert die Erhöhung des *Verbreitungsgrads nachhaltiger Ernährungsgewohnheiten* und die daraus resultierende Reduzierung *negativer Auswirkungen der Ernährung auf Umwelt und Gesundheit*. Aktuell geht eine Stärkung des *Verbreitungsgrads nachhaltiger Ernährungsgewohnheiten* jedoch mit zeitlichen Verzögerungen einher. Diese ergeben sich sowohl beim Aufbau von *Wissen über nachhaltige Ernährungsgewohnheiten* (B1) als auch im Zuge einer Zunahme der *sozialen Anerkennung nachhaltiger Ernährungsgewohnheiten* (B2) (s. Abb. 1). Beide Dynamiken entsprechen dem Systemarchetyp „Gleichgewichtsprozess mit Verzögerung", da jeweils zeitintensive Prozesse hinter den Entwicklungen stehen. Dem kann aus Sicht der Kommunalpolitik und -verwaltung über den Hebelpunkt des verstärkten *Fokus kommunaler Bildungspolitik auf nachhaltige Ernährung* begegnet werden (s. Abb. 1 und Tab. 2). Dieser setzt genau dort an, wo die zeitlichen Verzögerungen in den Rückkopplungsschleifen B1 und B2 am intensivsten sind: Er stärkt das *Wissen über nachhaltige Ernährungsgewohnheiten* (B1) und erhöht die *soziale Anerkennung für nachhaltige Ernährung* (B2). Trotz der Aktivierung dieses Hebelpunktes ist jedoch weiterhin mit zeitlichen Verzögerungen zu rechnen, da sowohl der Aufbau von *Wissen* als auch der Aufbau von Anreizen *sozialer Anerkennung* nicht unmittelbar erfolgen. Gleichzeitig ist darauf zu achten, wann

Sättigungszustände eintreten. Ansonsten besteht die Gefahr, dass mehr als notwendig in den Bildungsbereich investiert wird und damit personelle, ideelle und/oder finanzielle Ressourcen verschwendet werden (Senge 2021, S. 451).

Als zweiter zentraler Hebelpunkt gilt der verstärkte *Fokus kommunaler Wirtschaftspolitik auf nachhaltige Ernährung* (s. Abb. 1 und Tab. 2). Über diesen können Kommunalpolitik und -verwaltung folgende Wirkungen erzielen: eine Erhöhung der *Resilienz der lokalen nachhaltigen Ernährungswirtschaft* (R2) sowie eine Erhöhung der *Spezialisierungsbestrebungen lokaler Ernährungswirtschaft auf nachhaltige Produkte* (R1). Beides stärkt langfristig das *Angebot von Produkten für nachhaltige Ernährung*. Diese Entwicklung ist zentral, da sich *der Verbreitungsgrad nachhaltiger Ernährungsgewohnheiten* nur verbessern kann, wenn ein solches *Angebot* vor Ort besteht. Zudem können über den Hebelpunkt weitere *soziale Anreize für nachhaltige Ernährungsgewohnheiten* (B2) gesetzt werden. Dies beruht auf einem angenommenen Nachahmungseffekt bei lokalen Organisationen und der Bevölkerung, wenn Kommunalpolitik und -verwaltung als Vorbilder vorangehen. Letztlich ist dieser Hebelpunkt gerade auch relevant, um eine einseitige Problembearbeitung bei der Stärkung nachhaltiger Ernährungssysteme durch Kommunalpolitik und -verwaltung zu vermeiden. Politische Akteur*innen verfolgen bei umwelt- und gesundheitsbezogenen Problemen bisher häufig einseitige Lösungsstrategien, die rein auf individuelle Verhaltensänderungen der Konsument*innen abzielen (z. B. über Bildungsmaßnahmen zur sog. „Bewusstseinsbildung"). Dies geschieht im Ernährungsbereich auf Bundes-, Landes- und auch auf kommunaler Ebene (Doernberg et al. 2019; Baldy 2019; Sipple und Schanz 2019). Hierbei wird oft einseitig auf die (Verbraucher*innen-)Bildung gesetzt. Grundlegende und langfristig effektivere Maßnahmen wie die gezielte Stärkung von *Betrieben der lokalen nachhaltigen Ernährungswirtschaft* über die *kommunale Wirtschaftspolitik* werden hingegen kaum in Betracht gezogen.

Die Modellierung zeigt, dass das beschriebene Ungleichgewicht in der Ansteuerung der Hebelpunkte dazu führen kann, dass nachhaltige Ernährungsgewohnheiten zwar gestärkt werden, die *Anzahl der Betriebe der lokalen nachhaltigen Ernährungswirtschaft* jedoch weiter abnimmt. Langfristig steht so einem zunehmenden *Verbreitungsgrad nachhaltiger Ernährungsgewohnheiten* (durch Bildungsmaßnahmen und den Abbau motivationaler Barrieren) ein fehlendes *Angebot von Produkten für nachhaltige Ernährung* gegenüber (durch fehlende kommunale Ernährungswirtschaftspolitik). Um diesem Systemarchetyp zu begegnen, müssen Lösungsstrategien gewählt werden, die bewusst an beiden Hebelpunkten des Systems ansetzen (Senge 2021, S. 463).

5 Fazit und Ausblick

Der vorliegende Beitrag identifiziert zwei konkrete Hebelpunkte, um nachhaltige Ernährungssysteme zu stärken: die *kommunale Wirtschaftspolitik* und die *kommunale Bildungspolitik*. Hinter beiden liegen jeweils größere Handlungsfelder. Hierfür stehen Kommunalpolitik und -verwaltung viele Instrumente zur Verfügung, die jedoch auf das Ziel der Stärkung nachhaltiger Ernährungssysteme ausgerichtet werden müssen. Der Hebelpunkt *Fokus der kommunalen Wirtschaftspolitik auf nachhaltige Ernährung* wird in einem weiteren Beitrag dieses Sammelbandes aufgegriffen (Sipple et al. 2023) und ein diesbezüglicher Praxisleitfaden für Kommunalpolitik und -verwaltung vorgestellt (Sipple und Wiek 2023).

Bisher beschränken sich Bemühungen zur Erhöhung des *Verbreitungsgrades nachhaltiger Ernährungsgewohnheiten* auf das individuelle Kaufverhalten einzelner Verbraucher*innen. Sie adressieren kaum die Betriebe der lokalen Nahrungsmittelproduktion, -verarbeitung, -versorgung und -entsorgung (Baldy 2019; Sipple und Schanz 2019, 2021). Entsprechend liegt der Fokus von Kommunalpolitik und -verwaltung bisher vor allem in der Ernährungsbildung (Galda 2017; Morgan 2009; Ilieva 2019). Der Beitrag zeigt, dass eine einseitige Herangehensweise langfristig zu Paradoxien führt. Nachhaltige Ernährungsgewohnheiten müssen auf ein adäquates Angebot vor Ort treffen, um sich langfristig etablieren zu können. Andernfalls mag es zwar Wissensbestände und Bewusstsein für nachhaltige Ernährungsgewohnheiten vor Ort geben, aber kaum Betriebe mit dem dazu passenden Produktangebot. Dies ist bereits in vielen Schulen in Deutschland zu beobachten: Während im Lehrplan Inhalte zu gesunder und nachhaltiger Ernährung vermittelt werden, entspricht das Angebot der Schulmensa oft nicht den Anforderungen einer nachhaltigen Ernährung nach den Richtlinien der DGE (2022a, b). Wenn Kommunalpolitik und -verwaltung lokale Ernährungssysteme nachhaltig gestalten wollen, muss auch die lokale nachhaltige Ernährungswirtschaft über eine kommunale Ernährungswirtschaftspolitik gestärkt werden (Sipple und Wiek 2023, S. 14–15). Ebenso sollte eine kommunale Ernährungsbildungspolitik verfolgt werden, die sich an die gesamte Stadtgesellschaft richtet. Solche Angebote können den Bürger*innen *Wissen über nachhaltige Ernährung* vermitteln und so die *Verbreitung nachhaltiger Ernährungsgewohnheiten* stärken (Schrode et al. 2019; Grundmann et al. 2022; Meyer 2023).

Der Beitrag zeigt auf, dass aufseiten der Kommunalpolitik und -verwaltung durchaus Hebelpunkte vorhanden sind, um eine nachhaltige Transformation des lokalen Ernährungssystems zu unterstützen. Kommunen müssen besonders bei der Stärkung einer nachhaltigen Ernährungswirtschaft vor Ort tätig werden. Andernfalls wird es in naher Zukunft in vielen Bereichen der lokalen

Ernährungswirtschaft kaum noch ortsansässige KMUs geben. Die damit einhergehende sichtbare Abnahme der Vielfalt des lokalen (Nahrungsmittel-)Angebots ist ein oft irreversibler Verlust. Dies verringert auch das Potenzial, über die Geschäftsmodelle und -praktiken lokaler Unternehmen eine nachhaltige Entwicklung zu fördern und nachhaltige Ernährungsgewohnheiten vor Ort zu etablieren.

Literatur

Baldy, Jana. 2019. Framing a Sustainable Local Food System—How Smaller Cities in Southern Germany Are Facing a New Policy Issue. *Sustainability* 11 (6): 1712. https://doi.org/10.3390/su11061712.

Baldy, Jana, und Sylvia Kruse. 2019. Food Democracy from the Top Down? State-Driven Participation Processes for Local Food System Transformations towards Sustainability. *Politics and Governance* 7 (4): 68–80. https://doi.org/10.17645/pag.v7i4.2089.

Baldy, Jana, Basil Bornemann, Daniela Kleinschmit, und Sylvia Kruse. 2021. Policy integration from a practice-theoretical perspective: integrated food policy in the making in two German cities. *Journal of Environmental Policy & Planning* 1–14. https://doi.org/1 0.1080/1523908X.2021.2015305.

Bauer, Jan M., Sabine Bietz, Julius Rauber, und Lucia A. Reisch. 2021. Nudging healthier food choices in a cafeteria setting: A sequential multi-intervention field study. *Appetite* 160:105106. https://doi.org/10.1016/j.appet.2021.105106.

Béné, Christophe, Peter Oosterveer, Lea Lamotte, Inge D. Brouwer, Stef de Haan, Steve D. Prager, Elise F. Talsma, und Colin K. Khoury. 2019. When food systems meet sustainability – Current narratives and implications for actions. *World Development* 113:116–130. https://doi.org/10.1016/j.worlddev.2018.08.011.

Bietz, Sabine, und Lucia Reisch. 2019. Nudges für eine Nachhaltige Ernährung in Kommunen: Ein Praxis-Werkzeug. In *Konsum und nachhaltige Entwicklung: Verbraucherpolitik neu denken*, 249–268. Konsum und nachhaltige Entwicklung. Baden-Baden: Nomos. https://doi.org/10.5771/9783845293509-249.

Brinkley, Catherine. 2013. Avenues into Food Planning: A Review of Scholarly Food System Research. *International Planning Studies* 18 (2): 243–266. https://doi.org/10.1080/13563475.2013.774150.

Bündnis 90/Die Grünen, und CDU. 2021. Jetzt für Morgen. Der Erneuerungsvertrag für Baden-Württemberg. Koalitionsvertrag 2021-2026 von Bündnis 90/Die Grünen Baden-Württemberg und der CDU Baden-Württemberg. Abgerufen am 30. Dezember 2023. https://www.baden-wuerttemberg.de/fileadmin/redaktion/dateien/PDF/210506_Koalitionsvertrag_2021-2026.pdf

Carey, Joy. 2013. Urban and Community Food Strategies. The Case of Bristol. *International Planning Studies* 18 (1): 111–128. https://doi.org/10.1080/13563475.2013.75 0938.

DGE (Deutsche Gesellschaft für Ernährung e. V.). 2022a. Vollwertig essen und trinken nach den 10 Regeln der DGE. Abgerufen am 02. Juli 2023. https://www.dge.de/gesunde-ernaehrung/dge-ernaehrungsempfehlungen/10-regeln/.

DGE (Deutsche Gesellschaft für Ernährung e. V.). 2022b. Nachhaltige Ernährung. Abgerufen am 02. Juli 2023. https://www.dge.de/ernaehrungspraxis/nachhaltige-ernaehrung/.

Doernberg, Alexandra, Paula Horn, Ingo Zasada, und Annette Piorr. 2019. Urban food policies in German city regions: An overview of key players and policy instruments. *Food Policy* 89:101782. https://doi.org/10.1016/j.foodpol.2019.101782.

Eckhardt, Timo, und Alexander Schrode. 2017. Vernetzung für nachhaltige Ernährung vor Ort. Empfehlungen für die Sadt Waldkirch. Abgerufen am 30. Dezember 2023. https://www.nahhaft.de/fileadmin/NAHhaft_Website/2_Projekte/Kernig/Leitfaden-Waldkirch.pdf

Eckhardt, Timo, und Alexander Schrode. 2018. Nachhaltige Lebensmittel auf Veranstaltungen. Ein Praxisleitfaden für Leutkircher Veranstalter. Abgerufen am 30. Dezember 2023. https://www.nahhaft.de/fileadmin/NAHhaft_Website/2_Projekte/Kernig/Leitfaden-Leutkirch.pdf

Eckhardt, Timo, und Alexander Schrode. 2019. Garten sucht Gärtner. Impulse für Gemeinschaftsgärten und Kommunen zur Gewinnung von ehrenamtlich Engagierten. Abgerufen am 30. Dezember 2023. https://www.nahhaft.de/fileadmin/NAHhaft_Website/2_Projekte/Kernig/Leitfaden-Gemeinschaftsg%C3%A4rten_August2019.pdf

Eisenack, Klaus, Sergio Villamayor-Tomas, Graham Epstein, Christian Kimmich, Nicholas Magliocca, David Manuel-Navarrete, Christoph Oberlack, Matteo Roggero, und Diana Sietz. 2019. Design and quality criteria for archetype analysis. *Ecology and Society* 24 (3). https://doi.org/10.5751/ES-10855-240306.

FAO (Food and Agricultural Organisation of the United Nations). 2019. *Sustainable healthy diets: Guiding principles.* Rome: Food and Agriculture Organization of the United Nations.

Fesenfeld, Lukas P. 2016. Governing Urban Food Systems in the Long Run: Comparing Best Practices in Sustainable Food Procurement Regulations. *GAIA – Ecological Perspectives for Science and Society* 25 (4): 260–270. https://doi.org/10.14512/gaia.25.4.8.

Flick, Uwe. 2019. *Qualitative Sozialforschung: Eine Einführung*, 9. Aufl. Reinbek bei Hamburg: Rowohlt Taschenbuch Verlag.

Freeman, Rachel, Mike Yearworth, und Chris Preist. 2016. Revisiting Jevons' Paradox with System Dynamics: Systemic Causes and Potential Cures. *Journal of Industrial Ecology* 20 (2): 341–353. https://doi.org/10.1111/jiec.12285.

Galda, Anna. 2017. Ernährungssystemplanung in Deutschland. Technische Universität Berlin. https://doi.org/10.14279/depositonce-5731.

Grundmann, Stephanie, Karin Groth, und Nina Langen. 2022. Vom Acker bis zum Teller und zurück: Bildung für Nachhaltige Ernährung. *HiBiFo – Haushalt in Bildung & Forschung* 11 (4).

Hennchen, Benjamin. 2019. Knowing the kitchen: Applying practice theory to issues of food waste in the food service sector. *Journal of Cleaner Production* 225:675–683. https://doi.org/10.1016/j.jclepro.2019.03.293.

Hennchen, Benjamin. 2021. What is enough on a plate? Professionals' practices of providing an "adequate portion" in the food service sector. *Food and Foodways* 1–23. https://doi.org/10.1080/07409710.2021.1984610.

Hennchen, Benjamin, und Michael Pregernig. 2020. Organizing Joint Practices in Urban Food Initiatives—A Comparative Analysis of Gardening, Cooking and Eating Together. *Sustainability* 12 (11): 4457. https://doi.org/10.3390/su12114457.

Hirschnitz-Garbers, M., M. Distelkamp, D. Koca, M. Meyer, und H. Sverdrup. 2018. Potentiale und Kernergebnisse der Simulationen von Ressourcenschonung(spolitik): Endbericht des Projekts „Modelle, Potentiale und Langfristszenarien für Ressourceneffizienz" (Sim-Ress).

Holtz, Georg, Floortje Alkemade, Fjalar de Haan, Jonathan Köhler, Evelina Trutnevyte, Tobias Luthe, Johannes Halbe, George Papachristos, Emile Chappin, Jan Kwakkel, und Sampsa Ruutu. 2015. Prospects of modelling societal transitions: Position paper of an emerging community. *Environmental Innovation and Societal Transitions* 17:41–58. https://doi.org/10.1016/j.eist.2015.05.006.

Ilieva, Rositsa T. 2019. *Urban Food Planning*. London: Routledge, Taylor & Francis Group.

Kim, Daniel. 2011. Guidelines for drawing causal loop diagrams. *The Systems Thinker* (22): 5–7.

Kimmich, C., L. Gallagher, B. Kopainsky, M. Dubois und C. Sovann, et al. 2019. Participatory Modeling Updates Expectations for Individuals and Groups, Catalyzing Behavior Change and Collective Action in Water-Energy-Food Nexus Governance. *Earth's Future* 7 (12): 1337–1352. https://doi.org/10.1029/2019EF001311.

Kopainsky, Birgit, Gerid Hager, Hugo Herrera, und Progress H. Nyanga. 2017. Transforming food systems at local levels: Using participatory system dynamics in an interactive manner to refine small-scale farmers' mental models. *Ecological Modelling* 362:101–110. https://doi.org/10.1016/j.ecolmodel.2017.08.010.

Kruse, Sylvia. 2021. Akteure und ihre Beiträge zur großen Transformation in ausgewählten Handlungsfeldern: Transformation kommunaler Ernährungssysteme durch staatliche und nicht-staatliche Akteure. In *Nachhaltige Raumentwicklung für die große Transformation: Herausforderungen, Barrieren und Perspektiven für Raumwissenschaften und Raumplanung = Sustainable spatial development for the great transformation*, Hrsg. Sabine Hofmeister, Barbara Warner und Zora Ott, 163–171. Hannover: ARL – Akademie für Raumentwicklung in der Leibniz-Gemeinschaft.

Martinez-Moyano, Ignacio J., und George P. Richardson. 2013. Best practices in system dynamics modelling. *System Dynamics Review* 29 (2): 102–123. https://doi.org/10.1002/sdr.1495.

Mayring, Philipp. 2015. *Qualitative Inhaltsanalyse: Grundlagen und Techniken*, 12. Aufl. Weinheim: Beltz.

Meadows, Donella. 1999. *Leverage points: Places to intervene in a system*. Hartand: The Sustainability Institute.

Meadows, Donella. 2011. *Thinking in systems: A primer*. White River Junction, Vt: Chelsea Green Pub.

Meadows, Donella. 2019. *Die Grenzen des Denkens: Wie wir sie mit System erkennen und überwinden können*. München: Oekom Verlag.

Meier, Matthias, Theresa Markut, Stefan Schweiger, und Stefan Hörtnehuber. 2019. KERNiG. AP 1.1 Umweltwirkung regionale Landwirtschaft. Schlussbericht. Abgerufen am 02. Juli 2023. https://www.envgov.uni-freiburg.de/de/prof-envgov/forschung/kernig-projekt/bilderkernig/ergebnisse-1/kernig-bericht-ap-1-1-okobilanzierung-schlussberic.pdf

Meyer, Christiane. 2023. Bildung für nachhaltige Ernährung – aktuelle programmatische Linien. *Forum Erwachsenenbildung (FEB)* 25–29.

Moragues, A., K. Morgan, H. Moschitz, I. Neimane und H. Nilsson, et al. 2013. *Urban Food Strategies. The rough guide to sustainable food systems.*

Morgan, Kevin. 2009. Feeding the City: The Challenge of Urban Food Planning. *International Planning Studies* 14 (4): 341–348. https://doi.org/10.1080/13563471003642852.

Morley, Adrian, und Kevin Morgan. 2021. Municipal foodscapes: Urban food policy and the new municipalism. *Food Policy* 103:102069. https://doi.org/10.1016/j.foodpol.2021.102069.

Moschitz, Heidrun, und Rebekka Frick. 2018. *KERNiG – AP1.1 Bestandsaufnahme der kommunalen Ernährungssysteme – Landwirtschaftliches Produktionspotenzial und Lebensmittelflüsse.* Abgerufen am 02. Juli 2023. https://orgprints.org/id/eprint/32087/.

Moschitz, Heidrun, und Rebekka Frick. 2021. City food flow analysis. A new method to study local consumption. *Renewable Agriculture and Food Systems* 36 (2): 150–162. https://doi.org/10.1017/S1742170520000150.

Moschitz, Heidrun, Rebekka Frick, und Bernadette Oehen. 2018. Von global zu lokal. Stärkung regionaler Versorgungskreisläufe von Städten als Baustein für eine nachhaltige Ernährungspolitik – drei Fallstudien. In *Der kritische Agrarbericht 2018: Hintergrundberichte und Positionen zur Agrardebatte; Schwerpunkt: Globalisierung gestalten*, Hrsg. Friedhelm Stodieck, 185–189. Hamm: ABL Bauernblatt.

Oberlack, Christoph, Diana Sietz, Elisabeth Bürgi Bonanomi, Ariane de Bremond und Jampel Dell'Angelo, et al. 2019. Archetype analysis in sustainability research: meanings, motivations, and evidence-based policy making. *Ecology and Society* 24 (2). https://doi.org/10.5751/ES-10747-240226.

Pfaffenbichler, Paul. 2011. Modelling with Systems Dynamics as a Method to Bridge the Gap between Politics, Planning and Science? Lessons Learnt from the Development of the Land Use and Transport Model MARS. *Transport Reviews* 31 (2): 267–289. https://doi.org/10.1080/01441647.2010.534570.

Pothukuchi, Kameshwari, und Jerome L. Kaufman. 1999. Placing the food system on the urban agenda: The role of municipal institutions in food systems planning. *Agriculture and Human Values* 16 (2): 213–224. https://doi.org/10.1023/A:1007558805953.

Pothukuchi, Kameshwari, und Jerome L. Kaufman. 2000. The Food System. *Journal of the American Planning Association* 66 (2): 113–124. https://doi.org/10.1080/01944360008976093.

Rädiker, Stefan, und Udo Kuchartz. 2019. *Analyse qualitativer Daten mit MAXQDA: Text, Audio und Video.* Wiesbaden: Springer VS.

Radzicki, Michael J. 1990. Institutional Dynamics, Deterministic Chaos, and Self-Organizing Systems. *Journal of Economic Issues* 24 (1): 57–102. https://doi.org/10.1080/00213624.1990.11505001.

Rich, Karl M., Magda Rich, und Kanar Dizyee. 2018. Participatory systems approaches for urban and peri-urban agriculture planning: The role of system dynamics and spatial group model building. *Agricultural Systems* 160:110–123. https://doi.org/10.1016/j.agsy.2016.09.022.

Richardson, George P. 2011. Reflections on the foundations of system dynamics. *System Dynamics Review* 27 (3): 219–243. https://doi.org/10.1002/sdr.462.

Santarius, Tilman. 2014. Der Rebound-Effekt: ein blinder Fleck der sozial-ökologischen Gesellschaftstransformation. Rebound Effects: Blind Spots in the Socio-Ecological

Transition of Industrial Societies. *GAIA – Ecological Perspectives for Science and Society* 23 (2): 109–117. https://doi.org/10.14512/gaia.23.2.8.

Schanz, Heiner, Michael Pregernig, Jana Baldy, David Sipple, und Sylvia Kruse. 2020. Kommunen gestalten Ernährung: neue Handlungsfelder nachhaltiger Stadtentwicklung. *DStGB Dokumentation*, 2020, Nr. 153. Deutscher Städte- und Gemeindebund, Berlin. https://doi.org/10.6094/UNIFR/154838.

Schrode, Alexander, Lucia Maria Mueller, Antje Wilke, Lukas Paul Fesenfeld und Johanna Ernst, et al. 2019. *Transformation des Ernährungssystems: Grundlagen und Perspektiven*. Umweltbundesamt.

Senge, Peter M. 2021. *Die fünfte Disziplin: Kunst und Praxis der lernenden Organisation*, 11. Aufl. Freiburg: Schäffer-Poeschel Verlag für Wirtschaft Steuern Recht GmbH.

Setianto, Novie Andri, Donald Cameron, und John B. Gaughan. 2014. Identifying Archetypes of an Enhanced System Dynamics Causal Loop Diagram in Pursuit of Strategies to Improve Smallholder Beef Farming in Java, Indonesia. *Systems Research and Behavioral Science* 31 (5): 642–654. https://doi.org/10.1002/sres.2312.

Sipple, David, und Arnim Wiek. 2023. Kommunale Instrumente zur Stärkung der nachhaltigen Ernährungswirtschaft. Hg. v. Universität Freiburg. Institut für Umweltsozialwissenschaften und Geographie. https://doi.org/10.6094/UNIFR/235345.

Sipple, David, und Heiner Schanz. 2019. Nachhaltige Stadtentwicklung über kommunale Ernährungssysteme: Marktakteursnetzwerke als Ansatzpunkte zur Gestaltung und Steuerung. *Zeitschrift für Wirtschaftsgeographie* 63 (1): 1–22. https://doi.org/10.1515/zfw-2018-0024.

Sipple, David, und Heiner Schanz. 2021. Hebelpunkte lokaler Ökonomien. Der Betriebsrückgang im lokalen Lebensmittelhandwerk aus systemischer Perspektive. *Raumforschung und Raumordnung | Spatial Research and Planning* 79 (1): 58–72. https://doi.org/10.14512/rur.33.

Sipple, David, Arnim Wiek, und Sophia McRae. 2023. Steuerbarkeit des Ernährungssystems durch Kommunalpolitik und -verwaltung. In Nachhaltige Gestaltung von lokalen Ernährungssystemen durch Kommunalpolitik und -verwaltung, Hrsg. David Sipple, Arnim Wiek und Heiner Schanz: Springer.

SPD, Bündnis 90/Die Grünen und FDP. 2021. Mehr Fortschritt wagen. Bündnis für Freiheit, Gerechtigkeit und Nachhaltigkeit. Koalitionsvertrag 2021-2025 zwischen der Sozialdemokratischen Partei Deutschlands (SPD), Bündnis 90/Die Grünen und den Freien Demokraten (FDP). Abgerufen am 30. Dezember 2023. https://www.spd.de/fileadmin/Dokumente/Koalitionsvertrag./Koalitionsvertrag_2021-2025.pdf

Spiller, Achim, Anke Zühlsdorf, und Sina Nitzko. 2017. Instrumente der Ernährungspolitik. Ein Forschungsüberblick – Teil 2. *Ernahrungs Umschau* M2014-M210. https://doi.org/10.4455/eu.2017.015.

Sterman, John. 2002. *System Dynamics: Systems Thinking and Modeling for a Complex World:* Massachusetts Institute of Technology. Engineering Systems Division.

Stierand, Philipp. 2008. *Stadt und Lebensmittel: die Bedeutung des städtischen Ernährungssystems für die Stadtentwicklung*. Dissertation, Technische Universität Dortmund.

Stierand, Philipp. 2016. Urbane Wege zur nachhaltigen Lebensmittelversorgung. Potentiale und Instrumente kommunaler Ernährungspolitik. In *Regional, Innovativ Und Gesund: Nachhaltige Ernahrung Als Teil Der Grossen Transformation*, Hrsg. Steven Engler, Oliver Stengel und Wilfried Bommert, 177–135. Göttingen: Vandenhoeck & Ruprecht.

Sverdrup, Harald Ulrik, und Anna Hulda Olafsdottir. 2020. System Dynamics Modelling of the Global Extraction, Supply, Price, Reserves, Resources and Environmental Losses of Mercury. *Water, Air, & Soil Pollution* 231 (8): 1–22. https://doi.org/10.1007/s11270-020-04757-x.

Sweeney, Linda Booth, und John D. Sterman. 2000. Bathtub dynamics: initial results of a systems thinking inventory. *System Dynamics Review* 16 (4): 249–286. https://doi.org/10.1002/sdr.198.

Thompson, John, Erik Millstone, Ian Scoones, Adrian Ely und Fiona Marshall, et al. 2007. *Agri-food system dynamics: pathways to sustainability in an era of uncertainty.* Brighton: Institute of Development Studies University of Sussex.

Thurn, Valentin. 2020. Der Ernährungsrat Köln und Umgebung. In *Smart City – Made in Germany: Die Smart-City-Bewegung als Treiber einer gesellschaftlichen Transformation*, Hrsg. Chirine Etezadzadeh, 219–226. Wiesbaden: Springer Fachmedien Wiesbaden.

Valente, Thomas W. 2012. Network interventions. *Science (New York, N.Y.)* 337 (6090): 49–53. https://doi.org/10.1126/science.1217330.

Valente, Thomas W., Lawrence A. Palinkas, Sara Czaja, Kar-Hai Chu, und C. Hendricks Brown. 2015. Social network analysis for program implementation. *PloS one* 10 (6): e0131712. https://doi.org/10.1371/journal.pone.0131712.

Viljoen, André, und Johannes S. C. Wiskerke. 2012. Chapter 1 Sustainable urban food provisioning: challenges for scientists, policymakers, planners and designers. In *Sustainable food planning: Evolving theory and practice*, Hrsg. André Viljoen und Johannes S. C. Wiskerke, 19–36. Wageningen: Wageningen Academic Publishers.

Wolstenholme, E. F. 2003. Towards the definition and use of a core set of archetypal structures in system dynamics. *System Dynamics Review* 19 (1): 7–26. https://doi.org/10.1002/sdr.259.

Steuerbarkeit des Ernährungssystems durch Kommunalpolitik und -verwaltung

David Sipple, Arnim Wiek und Sophia McRae

Zusammenfassung

Auf kommunaler Ebene gibt es einen ordnungspolitischen Rahmen, der eine gewisse Steuerung der nachhaltigen Entwicklung von Ernährungssystemen erlaubt. So verfügen Kommunen über regulierende, ökonomische, kooperative und informative Instrumente, um die nachhaltige Entwicklung der lokalen Ernährungswirtschaft und damit ein zentrales Element der Ernährungswende voranzutreiben. Dieser Steuerungsrahmen und die entsprechenden Instrumente sind bisher wenig erforscht und systematisch erfasst. Dieser Beitrag vergleicht die aktuelle Forschung zum Thema und identifiziert bestehende Lücken. Darauf aufbauend wird eine systematische Erfassung von kommunalen Instrumenten zur Stärkung der lokalen nachhaltigen Ernährungswirtschaft vorgestellt. Der Beitrag schließt mit einem Überblick zu Herausforderungen und Grenzen kommunaler Steuerbarkeit der Ernährungswende, sowie dem weiteren Forschungs- und Schulungsbedarf zu diesem Thema.

D. Sipple (✉) · A. Wiek · S. McRae
Universität Freiburg, Freiburg, Deutschland
E-Mail: david.sipple@vwl.uni-freiburg.de

A. Wiek
E-Mail: arnim.wiek@vwl.uni-freiburg.de

S. McRae
E-Mail: sophia.mcrae@vwl.uni-freiburg.de

© Der/die Autor(en) 2024

D. Sipple et al. (Hrsg.), *Nachhaltige Gestaltung von lokalen Ernährungssystemen durch Kommunalpolitik und -verwaltung,* Stadtforschung aktuell, https://doi.org/10.1007/978-3-658-42720-7_3

1   Problemstellung

Die Ernährungswirtschaft ist das Herzstück des Ernährungssystems. Sie umfasst alle Bereiche von landwirtschaftlicher Produktion über Verarbeitung, Logistik und Vertrieb bis hin zum Konsum von Lebensmitteln und der Verwertung von Abfällen (BMEL 2021). Zur Ernährungswirtschaft gehört aber auch ein unterstützendes Netzwerk („entrepreneurial ecosystem"). Dieses erfüllt wichtige Funktionen für Betriebe und Konsument*innen, z. B. Regulierung, Finanzierung und Ausbildung, und umfasst auch lokale Politik und Verwaltung (Forrest et al. 2023).

Die nachhaltige Entwicklung der Ernährungswirtschaft ist eine zentrale Herausforderung unserer Zeit. Zum einen spiegelt sich dies in den negativen Auswirkungen der konventionellen Ernährungswirtschaft auf die Nachhaltigkeitsziele der Vereinten Nationen (Sustainable Development Goals, SDGs) wider, von denen sich fast die Hälfte direkt oder indirekt auf Ernährung beziehen (SDG 2, 3, 6, 8, 12, 13, 14, 15). Zum anderen und umgekehrt wird dies deutlich in den negativen Auswirkungen des Klimawandels, der Corona-Pandemie (G7 Development Ministers 2022; Koerber und Cartsburg 2020; Swinnen und McDermott 2020; Stephens et al. 2020) und des russischen Angriffskrieges auf die Ukraine (Behnassi und El Haiba 2022; Ben Hassen und El Bilali 2022; Pörtner et al. 2022). Konkrete Nachhaltigkeitsherausforderungen für die Ernährungswirtschaft bestehen in den negativen Umweltauswirkungen konventioneller Unternehmenspraktiken, der geringen wirtschaftlichen Resilienz vieler kleiner und mittlerer Unternehmen, der ungerechten Lohnverteilung, dem anhaltenden Fachkräftemangel, den unzureichenden Bildungsangeboten zu nachhaltigen Betriebsinnovationen, sowie der ausgeprägten Nachfrage nach billigen Lebensmitteln (Koerber et al. 2020; Engler et al. 2016).

Die genannten Herausforderungen für die Ernährungswirtschaft sind auch in Deutschland präsent und haben zum Ruf nach einer Ernährungswende Richtung Nachhaltigkeit geführt (Eberle et al. 2006, 2018). Einige deutsche Städte und Gemeinden haben dementsprechend in den letzten Jahren begonnen, die nachhaltige Entwicklung kommunaler Ernährungssysteme durch gezielte Maßnahmen zu fördern (Karg et al. 2017; Sipple und Schanz 2019). Dabei werden konvergierende Ziele verfolgt, u. a. Klimaschutz, öffentliche Gesundheit, Gerechtigkeit („Enkel*innen tauglichkeit"), kommunale Daseinsvorsorge (Schanz und Sipple 2023), nachhaltige Stadt- und Raumentwicklung (Sipple und Schanz 2019; Schanz et al. 2020) und die Schaffung einer „Agrikultur" (Wiek et al. 2022).

Zur Verfolgung dieser Ziele können sich Kommunalpolitik und -verwaltung einer Vielzahl etablierter Instrumente bedienen, welche auch die kommunale

Wirtschaftspolitik umfassen (Grabow und Henckel 1994). Der Anwendung auf die Ernährungswirtschaft stehen lokale Politik und Verwaltung aber oft kritisch gegenüber, weil der kommunalen Gestaltung der Wirtschaft ordnungspolitische Grenzen gesetzt sind (Brinkley 2013). Diese werden allerdings im Fall der Ernährungswirtschaft oft als restriktiver wahrgenommen als sie tatsächlich sind (Candel und Pereira 2017). Es besteht durchaus eine gewisse Steuerbarkeit des kommunalen Ernährungssystems durch die Stadt- oder Gemeindeverwaltung (van den Heiligenberg et al. 2017), welche auch für die Stärkung der lokalen nachhaltigen Ernährungswirtschaft genutzt werden kann.

Kommunale Instrumente lassen sich gezielt zur nachhaltigen Entwicklung der verschiedenen Bereiche der Ernährungswirtschaft einsetzen. KMUs (kleine- und mittlere Unternehmen) sind für die Umsetzung der Ernährungswende auf kommunaler Ebene sehr wichtig (Sipple und Schanz 2019; Antoni-Komar et al. 2019; Wiek 2020; Wiek et al. 2020), auch weil trotz des dominierenden Einflusses von (multinationalen) Konzernen viele Arbeitsplätze in der Ernährungswirtschaft noch in KMUs verankert sind. Nachhaltige Praktiken und Geschäftsmodelle von KMUs können daher einen positiven Einfluss auf die Gestaltung kommunaler Ernährungssysteme haben (Giambartolomei et al. 2021; Sipple und Schanz 2019, 2021; Wiek und Gascón 2021). Auch die Konsument*innen sind als wichtiger Teil der Ernährungswirtschaft regional und lokal verankert (Baldy 2019). Sie können durch nachhaltiges Einkaufsverhalten, das auch solidarische Konsumformen einschließt (z. B. solidarische Landwirtschaft), ebenfalls zur positiven Entwicklung von Ernährungssystemen beitragen (Reisch et al. 2013). Zusätzlich sind übergeordnete Netzwerke von Wirtschaftsakteur*innen, z. B. entlang von Liefer- und Wertschöpfungsketten, wichtige Gestaltungsfaktoren für die nachhaltige Entwicklung kommunaler Ernährungssysteme (Fonte 2013; Le Velly und Dufeu 2016; Kropp et al. 2006; Mallard 2016).

Eine Reihe von Kommunen bemühen sich bereits, ihr lokales Ernährungssystem im Hinblick auf gewisse Aspekte zu verbessern (Schanz et al. 2020; Karg et al. 2017). Häufig geht es dabei um einzelne Anwendungen, integrative Ansätze sind bisher sehr selten (Doernberg et al. 2019; Sibbling et al. 2021; Wiek et al. 2023). Überwiegend werden sogenannte „sanfte" Instrumente genutzt, wie z. B. Aufklärungsangebote bzw. Bildungsinitiativen in Schulen oder Verhaltenssteuerung von Konsument*innen (Spiller et al. 2017b; Doernberg et al. 2019). Vergleichsweise selten werden hingegen Instrumente eingesetzt, welche die Ernährungs*wirtschaft* gezielt in Richtung Nachhaltigkeit entwickeln. Neben klassischen Ansätzen der Bildungspolitik muss jedoch auch die kommunale Wirtschaftspolitik im weitesten Sinne genutzt werden, um die nachhaltige Entwicklung des kommunalen Ernährungssystems umfassend zu fördern (Sipple und

Schanz 2023). Die Ernährungswende ist eine Querschnittsaufgabe von Politik, Verwaltung, Wirtschaft und Zivilgesellschaft (Stierand 2014, 2016).

Welche Instrumente explizit auf die Stärkung der lokalen nachhaltigen Ernährungswirtschaft abzielen, ist bisher wenig erforscht und kaum systematisch erfasst. Diese Steuerungsmöglichkeiten wollen wir im vorliegenden Beitrag aufzeigen und diskutieren. Zunächst werden die aktuellen Studien zu kommunalen Instrumenten mit Ernährungsrelevanz verglichen und diskutiert, sowie vorhandene Lücken identifiziert. Darauf aufbauend wird eine systematische Erfassung kommunaler Instrumente zur Stärkung der lokalen nachhaltigen Ernährungswirtschaft vorgestellt, um die identifizierten Lücken zu schließen. Abschließend werden Möglichkeiten und Grenzen kommunaler Steuerungsmöglichkeiten diskutiert, sowie der weitere Forschungsbedarf zu diesem Thema aufgezeigt.

2   Stand der Forschung

Entsprechend der im vorliegenden Abschnitt erläuterten Orientierung unserer Studie haben wir einen analytischen Rahmen und entsprechende Zielattribute gewählt, die uns erlauben, die vorhandene Literatur hinsichtlich praxisbezogener und empirischer Informationen über spezifische kommunale Instrumente zur Stärkung der lokalen nachhaltigen Ernährungswirtschaft auszuwerten.

Insgesamt gibt es bisher nur wenige Studien zu kommunalen Instrumenten mit Ernährungsrelevanz und noch weniger spezifisch zur Ernährungswirtschaft. Wir haben zu diesen Bereichen neun relevante Fachartikel identifiziert (über Google Scholar anhand der Kombination aus den Suchkriterien „food/Lebensmittel", „municipal/kommunal", „tools/Instrumente", „policies/Politik", „strategies/Strategien").

Diese Fachartikel haben wir hinsichtlich der folgenden Aspekte (Leitfragen) ausgewertet, wobei das jeweilige Zielattribut in Klammern angegeben ist:

1. *Fokus:* Beziehen sich die Instrumente auf das Ernährungssystem, die Ernährungswirtschaft oder bestimmte Sektoren? [Ernährungswirtschaft]
2. *Ziele:* Was soll mit der Anwendung der Instrumente erreicht werden? [Nachhaltigkeit]
3. *Räumlicher Bezug:* Beziehen sich die Instrumente auf die kommunale, regionale, nationale, oder internationale Ebene? [Kommunal]
4. *Anzahl an Instrumenten:* Wie viele spezifische Instrumente werden behandelt? [Spezifische]

5. *Empirie:* Auf welchen empirischen Daten bzgl. der Anwendung der Instrumente basiert die Arbeit (falls es sich um eine empirische Studie handelt)? [Empirisch-basiert]

6. *Angabe relevanter Akteur*innen:* Werden die Akteur*innen genannt, die bei der Anwendung der Instrumente einbezogen sind? [Spezifische Akteure]

7. *Beschrieb des Vorgehens:* Wird das Vorgehen bei der Anwendung der Instrumente beschrieben? [Beschriebenes Vorgehen]

8. *Funktion:* Handelt es sich um einen konzeptionellen (theoretischen) Beitrag, oder ist die Arbeit praxisorientiert? [Praxisorientiert]

Die Ergebnisse der Auswertung sind in Tab. 1 zusammengestellt.

Keine der ausgewerteten Arbeiten fokussiert sich auf Instrumente, die spezifisch die Ernährungswirtschaft betreffen; die meisten Arbeiten (7 von 9) behandeln Instrumente zur Steuerung des Ernährungssystems insgesamt und zwei Arbeiten konzentrieren sich auf Instrumente für bestimmte Sektoren (Urbane Landwirtschaft, Gemeinschaftsverpflegung). Alle Arbeiten behandeln Instrumente, die einen Beitrag zur Nachhaltigkeit leisten sollen, wobei viele Arbeiten (6 von 9) speziell auf Gesundheit abzielen. Die meisten Arbeiten (7 von 9) beziehen sich auf kommunale Instrumente. Nur ungefähr die Hälfte der Arbeiten (5 von 9) behandelt spezifische Instrumente. Die große Mehrheit der Arbeiten (7 von 9) bieten empirische Anwendungsbeispiele aus bestimmten Städten. Während die meisten Arbeiten (6 von 9) die relevanten Akteur*innen für den Einsatz der Instrumente nennen, beschreibt nur ein Drittel der Arbeiten (3 von 9) das jeweilige Vorgehen der beteiligten Akteur*innen bei der Anwendung. Die meisten Arbeiten (6 von 9) analysieren und fassen die Charakteristika der bestehenden Instrumente zusammen, praxisorientierte Fragen der Anwendung werden nur von wenigen Arbeiten (3) thematisiert.

Unsere Auswertung zeigt also deutlich, dass kommunale Instrumente zur Stärkung der lokalen nachhaltigen Ernährungswirtschaft bisher nicht systematisch erfasst, aufbereitet und praxisorientiert dargestellt wurden. Zudem beziehen sich die Studien häufig nur auf empirische Beispiele aus einzelnen oder wenigen Kommunen. Fragen der Übertragbarkeit der Instrumente auf andere kommunale Kontexte werden bisher kaum bearbeitet. Zudem ist der Fokus der bisherigen Arbeiten eher allgemein gehalten und keine der Forschungsarbeiten zielt auf ein Handlungsfeld der Ernährungswende, dessen Wirksamkeit belegt ist, wie z. B. die Stärkung der lokalen nachhaltigen Ernährungswirtschaft. Die bisherige Aufbereitung von kommunalen Instrumenten zur Stärkung der lokalen nachhaltigen Ernährungswirtschaft ist also lückenhaft im Hinblick auf eine ganze Anzahl relevanter Aspekte.

Tab. 1 Auswertung vorhandener Studien zu ordnungspolitischen Instrumenten mit Ernährungsrelevanz nach zentralen Attributen

Quelle	Cohen (2014) [1]	Spiller et al. (2017a, b) [2]	Eberle et al. (2018) [3]	Brand et al. (2019) [4]	Doernberg et al. (2019) [5]	Halvey et al. (2021) [6]	Morley und Morgan (2021) [7]	Sibbing et al. (2021) [8]	Cohen (2022) [9]
Fokus	Ernährungssystem	Ernährungssystem	Ernährungssystem	Ernährungssystem	Ernährungssystem	Sektor (Urbane Landwirtschaft)	Sektor (Gemeinschaftsverpflegung)	Ernährungssystem	Ernährungssystem
Ziele	Nachhaltigkeit, Ernährungssicherheit, Soziale Gerechtigkeit	Nachhaltigkeit, Gesundheit	Nachhaltigkeit (SDGs)	Nachhaltigkeit, Gesundheit, Ernährungssicherheit, Ernährungskultur, Regionale Entwicklung	Gesundheit, Umweltschutz, Regionale Entwicklung	Funktionale urbane Landwirtschaft	Nachhaltigkeit (SDGs), Gesundheit	Gesundheit, Umweltschutz, Wirtschaftlich-keit, usw	Gesundheit, Sozio-Ökonomische Nachhaltigkeit
Räumlicher Bezug	Kommune	Bundesland	Bundesland, EU	Kommune, Region	Kommune	Kommune	Kommune, Region	Kommune	Kommune
Anzahl an Instrumenten	–	8	–	27	39	–	–	24	21

(Fortsetzung)

Tab. 1 (Fortsetzung)

Quelle	Cohen (2014) [1]	Spiller et al. (2017a, b) [2]	Eberle et al. (2018) [3]	Brand et al. (2019) [4]	Doermberg et al. (2019) [5]	Halvey et al. (2021) [6]	Morley und Morgan (2021) [7]	Sibbing et al. (2021) [8]	Cohen (2022) [9]
Empirie	6 Städte (US/CA)	–	–	13 Städte (global)	10 Städte (DE)	40 Städte (US)	1 Stadt (GB)	31 Städte (NL)	Beispiele aus Städten weltweit
Beschrieb des Vorgehens	✗	✗	✗	✓	✗	✓	✗	✗	✓
Angabe relevanter Akteur*innen	✓	✗	✓	✓	✓	✓	✓	✗	✗
Funktion	Konzeptionell	Konzeptionell	Praxisorientiert	Praxisorientiert	Konzeptionell	Konzeptionell	Praxisorientiert	Konzeptionell	Konzeptionell

Wenn wir uns nun noch näher mit den spezifischen Instrumenten befassen, welche in den ausgewerteten Arbeiten behandelt werden, so bestätigt sich das lückenhafte Bild (s. Tab. 2). Als Referenz nutzen wir dafür eine umfassende Liste von 15 regulierenden, ökonomischen, kooperativen und informativen Instrumenten bzw. Gruppen von Instrumenten (Sipple und Wiek 2023; siehe auch weiter unten in diesem Beitrag). Alle in den ausgewerteten Arbeiten beschriebenen Instrumente lassen sich diesen 15 Instrumenten/Instrumentengruppen zuordnen. Vor diesem Hintergrund zeigt sich, dass die ausgewerteten Arbeiten, bis auf zwei Ausnahmen [5 und 8], auf eine kleinere Anzahl an Instrumenten (4–10) fokussiert sind. Meist handelt es sich um die detaillierte Analyse und anschauliche Beschreibung ausgewählter „best practice"-Beispiele der kommunalen Ernährungspolitik. Nicht überraschend ist, dass fast alle Arbeiten (8 von 9) das Instrument der praktischen Ernährungsbildung behandeln. Damit wird das Ergebnis der vorherigen Auswertung bestätigt.

Zusammenfassend lässt sich also festhalten, dass deutliche Lücken in der bisherigen Aufbereitung von kommunalen Instrumenten zur Stärkung der lokalen nachhaltigen Ernährungswirtschaft identifizierbar sind. Diese zu schließen, ist eine wichtige Voraussetzung, um mehr Kommunen zur nachhaltigen Gestaltung ihrer Ernährungssysteme zu befähigen.

3   Der Leitfaden „Kommunale Instrumente für die nachhaltige Ernährungswirtschaft"

Erarbeitung und Struktur des Leitfadens
Zur Überbrückung der identifizierten Lücken stellte sich das Ziel, einen Leitfaden zu erarbeiten, welcher die vorhandenen Instrumente zur Stärkung der lokalen nachhaltigen Ernährungswirtschaft systematisch erfasst und praxisorientiert beschreibt (Sipple und Wiek 2023). Dieser sollte sich in erster Linie an Personen richten, die sich in Kommunalverwaltungen mit ernährungsrelevanten Themen beschäftigen und offen sind, Instrumente zur Stärkung der lokalen nachhaltigen Ernährungswirtschaft kennenzulernen. Ziel des Leitfadens sollte es sein, einen anwendungsorientierten Überblick über die Instrumente zu geben, erste Hilfestellungen bei der Planung zu bieten und auch zur konkreten Anwendung zu motivieren. Aus diesem Grund sollte der Leitfaden mit den enthaltenen Instrumente und den zugehörigen Anwendungsbeispiele evidenzbasiert erarbeitet werden. Der Leitfaden konzentriert sich also auf Beispiele kommunaler Instrumente zur Stärkung der lokalen nachhaltigen Ernährungswirtschaft, die bereits angewendet wurden und zumindest teilweise in ihrer Wirkungsweise beschreibbar und damit

Tab. 2 Überblick kommunaler Instrumente zur Stärkung der nachhaltigen Ernährungswirtschaft (Sipple und Wiek 2023, S. 17) und deren Erwähnung in aktueller Literatur

	Cohen (2014) [1]	Spiller et al. (2017a, b) [2]	Eberle et al. (2018) [3]	Brand et al. (2019) [4]	Doernberg et al. (2019) [5]	Halvey et al. (2021) [6]	Morley und Morgan (2021) [7]	Sibbing et al. (2021) [8]	Cohen (2022) [9]*
Länder, Regionen o. Gemeinden in:	US/CA	DE	DE	Weltweit	DE	US	GB	NL	Weltweit
Instrumente der Regulierung									
Kommunale Planung	(X)¹			X	X	X		X	X
Kommunale Verordnungen	(X)	X		X	X			X	X
Ökonomische Instrumente									
Öffentliche Beschaffung	(X)	X			X		X	X	X
Unterstützung des Vertriebs	(X)		X						X
Verpachtung kommunaler Liegenschaften	(X)				X	X	X		
Finanzierung von Betrieben	(X)			X	X	X	X	X	X
Betrieb von kommunalen Unternehmen	(X)			X		X	X		X

(Fortsetzung)

---

¹* Cohen (2014) behandelt keine spezifischen kommunalen Instrumente, sondern eine ganze Anzahl von kommunalen „Strategien", welche allgemeiner gehalten sind.

Tab. 2 (Fortsetzung)

	Cohen (2014) [1]	Spiller et al. (2017a, b) [2]	Eberle et al. (2018) [3]	Brand et al. (2019) [4]	Doern-berg et al. (2019) [5]	Hal-vey et al. (2021) [6]	Morley und Morgan (2021) [7]	Sib-bing et al. (2021) [8]	Cohen (2022) [9]*
Instrumente der Kooperation									
Mitarbeit in partizipativen Prozessen			X		X		X	X	
Regional-marketing	(X)				X	X	X	X	
Vernetzungs-aktivitäten	(X)		X	X				X	
Instrumente der Information									
Studien zur Ernährungs-wirtschaft			X					X	
Anreize für Konsu-ment*innen (Nudging)	(X)	X		X	X			X	X
Praktische Ernährungs-bildung	(X)	X	X	X	X	X		X	X
Ausbil-dungsan-gebote zur Nachhaltig-keit		X	X	X	X			X	X
Beratungs-angebote für Betriebe		X			X			X	
Kombination der Instrumente									
Integrative Ansätze	(X)						X	X	X

auf andere kommunale Kontexte multiplizierbar sind. Dabei geht es um Instrumente, die unter Federführung der Kommune angewendet werden. Allerdings sind dabei oft enge Partnerschaften mit anderen öffentlichen und nicht-öffentlichen Organisationen vorgesehen, in denen die Kommune im Sinne einer modernen kommunalen „Governance" als maßgeblich verantwortliche Kooperationspartnerin auftritt (Haysom 2015; Möltgen-Sicking 2019; Luthe et al. 2012).

In einer umfassenden Literaturrecherche identifizierten wir zunächst eine Vielzahl von Instrumenten. Als „Instrument" wurde jedes standardisierte und reproduzierbare Verfahren der Kommunalverwaltung betrachtet, einschließlich Politik, Verordnung, Verfahren, Angebot, Initiative, Programm und Projekt (Candel und Pereira 2017). Die Auswahl der *Instrumente* erfolgte entlang folgender fünf Kriterien (siehe die ersten fünf Leitfragen im vorhergehenden Abschnitt): 1) anwendbar für die Stärkung der Ernährungswirtschaft; 2) bezogen auf Nachhaltigkeit; 3) Anwendbarkeit auf kommunaler Ebene in Deutschland mit der Kommune als zentraler Akteurin; 4) spezifisches Instrument (nicht nur eine allgemeine „Strategie" o. ä.); und 5) mindestens eine erfolgreiche Anwendung.

Zur konkreten inhaltlichen Erarbeitung des Leitfadens wurde die folgende Frage genutzt: Welches bereits vorhandene und erprobte *Instrument* kann welche *Abteilung der Kommunalverwaltung*, gemeinsam mit welchen *Partner-Organisationen*, durch welche *Schritte* anwenden, um welches *Nachhaltigkeitsziel* in welchem *Sektor* der kommunalen Ernährungswirtschaft zu erreichen?

Für jedes Instrument wurde ein entsprechendes Profil angelegt (s. Abb. 1). Während die allgemeine Leitfrage für die Profile zentral ist, wurden weitere praxisorientierte Aspekte (Beispiele, Hindernisse, Lösungen, weiterführende Leitfäden) beschrieben, um die Nützlichkeit der Profile noch zu erhöhen.

Die Auswahl der *Anwendungen* zu den jeweiligen Instrumenten erfolgte auf Basis einer breiten Recherche mit dem Ziel, gut dokumentierte Beispiele aus dem deutschsprachigen Raum zu identifizieren. Jedes relevant erscheinende Anwendungsbeispiel aus der kommunalen Praxis wurde anhand spezifischer Attribute charakterisiert (ähnlich den Attributen der Instrumente, aber noch stärker praxisorientiert). Zusätzlich wurde je Anwendung ein Expert*innen-Interview (Meuser und Nagel 2009; Bogner et al. 2014) mit den betreffenden Mitarbeiter*innen aus Kommunalverwaltungen geführt. Die Interviews dienten auch der Validierung der bis dahin erstellten Beschriebe der Instrumente; sie wurden dafür stichwortartig transkribiert und inhaltlich ausgewertet (Mayring 2015).

Um anschlussfähig gegenüber der bestehenden Literatur zu sein, wurden die Instrumente in Anlehnung an die von Doernberg et al. (2019) erarbeiteten Kategorien abschließend gruppiert. Die folgenden vier Gruppen von Instrumenten werden im Leitfaden unterschieden: 1) *Instrumente der Regulierung*: Planungen,

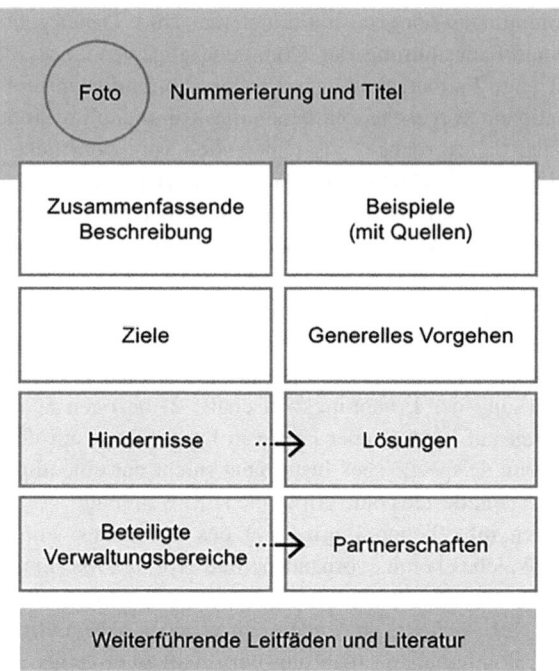

Abb. 1 Aufbau der Instrumentenbeschriebe (Sipple und Wiek 2023, S. 11)

Vorschriften und Verordnungen; 2) *Ökonomische Instrumente*: direkte kommunale Wirtschaftsförderung; 3) *Instrumente der Kooperation*: Partnerschaften unter
kommunaler Federführung; und 4) *Instrumente der Information*: Bildung und Beratung.

Identifizierte Instrumente und ihre Anwendungen
In Abb. 2 sind alle 15 Instrumente und ihre exemplarischen Anwendungen dargestellt. Dies entspricht der Form, wie sie im Leitfaden enthalten sind und wie sie
dort anhand der bereits vorgestellten Attribute beschrieben werden.

Nachfolgend werden die Instrumente im Kontext ihrer Kategorien kurz beschrieben und diskutiert. Der Leitfaden enthält wesentlich detailliertere Informationen.

Im Bereich der *Regulierung* können Kommunen planerische Instrumente
(z. B. Freiraum- oder Bebauungsplanung) sowie Verordnungen und Satzungen

KATEGORIE	INSTRUMENTE	BEISPIELE	EXEMPLARISCHE ANWENDUNG
REGULIERUNG	Kommunale Planung	Freiraumplanung, Agri-Photovoltaik	München
REGULIERUNG	Kommunale Verordnungen	Marktordnung, Gastronomie-Ordnung	Freiburg
ÖKONOMIE	Öffentliche Beschaffung	Schulverpflegung	Freiburg
ÖKONOMIE	Unterstützung des Vertriebs von Produkten	Regionalmarke, Online-Plattform	Heidelberg
ÖKONOMIE	Verpachtung kommunaler Liegenschaften	Pachtkriterien für kommunale Flächen	Diverse
ÖKONOMIE	Finanzierung von Betrieben	Schlüsselbetriebe, Nahversorgung	Region Basel
ÖKONOMIE	Betrieb von kommunalen Unternehmen	Schulverpflegung, Nahversorgung, Verarbeitung	Darmstadt
KOOPERATION	Mitarbeit in partizipativen Prozessen	Ernährungsstrategie, Ernährungsräte	Köln
KOOPERATION	Regionalmarketing	Bio-Stadt, Fairtrade-Town, lebenswerte Stadt	Bonn
KOOPERATION	Vernetzungsaktivitäten	Regionales Netzwerk, Vernetzungsveranstaltung	Rhein-Neckar
INFORMATION	Studien zur Ernährungswirtschaft	Lebensmittelversorgung, Schulverpflegung	Diverse
INFORMATION	Anreize für Konsument*innen (Nudging)	Nudging auf kommunaler Ebene	Noch keine
INFORMATION	Praktische Ernährungsbildung	Kitas & Schulen, Essbare Stadt	Diverse
INFORMATION	Ausbildungsangebote zur Nachhaltigkeit	Fach- und Berufsschulen	Nürnberg
INFORMATION	Beratungsangebote für Betriebe	Biomusterregionen, Start-Up Lab	Freiburg

Abb. 2 Kommunale Instrumente zur Stärkung der nachhaltigen Ernährungswirtschaft (Sipple und Wiek 2023)

(z. B. Marktordnungen oder Innenstadtsatzungen) anwenden. Dies wurde bisher hauptsächlich für Beispiele aus Nordamerika und Großbritannien unter dem Begriff „Food System Planning" beschrieben (Ilieva 2019). Umfassende kommunale Ernährungssystemplanung, unter Einbezug der Ernährungswirtschaft, findet in Deutschland bisher nicht statt (Galda 2017; Doernberg et al. 2019). Dennoch lassen sich auch innerhalb des deutschsprachigen Raums Anwendungen identifizieren, bei denen Städte und Kommunen bereits einzelne Bereiche der lokalen nachhaltigen Ernährungswirtschaft über *Planungsinstrumente* und/oder Verordnungen stärken. Dabei ist zu beachten, dass Planungsinstrumente der langfristigen Steuerung und Entwicklung von städtischen und ländlichen Räumen dienen (Pahl-Weber und Schwartze 2018). Bei der Anwendung von Planungsinstrumenten berufen sich die Kommunen auf die verfassungsrechtlich garantierte sog. „kommunale Planungshoheit" (Artikel 28 Grundgesetz) (Bogumil 2018). Dieser Steuerungsspielraum wird jedoch durch föderale Strukturen eingeschränkt. Umso wichtiger ist es, die kommunalen Planungsinstrumente und die damit einhergehenden Steuerungsmöglichkeiten herauszuarbeiten und zu nutzen (Brasche 2019). Im Bereich des Instruments *Kommunale Verordnungen* sind es, vielleicht für viele überraschenderweise, auch die Ordnungsbehörden und -ämter, die sich mit Fragestellungen befassen, die für die Ernährungswirtschaft relevant sind. Ein Beispiel hierfür sind die Verordnungen zu Wochenmärkten, für Gastronomiebetriebe oder auch für Volksfeste.

Im Hinblick auf *ökonomische Instrumente* muss zunächst hervorgehoben werden, dass gerade kommunale Nachhaltigkeitszielsetzungen die Wirtschaftsförderung zunehmend als wichtiges Steuerungsinstrument wahrnehmen (Hallmann 2021). In der Literatur zur kommunalen und regionalen Wirtschaftsförderung wird zudem die gezielte Förderung der lokalen nachhaltigen Ernährungswirtschaft durch Kommunen und Städte, u. a. zur Sicherung der Nahversorgung, diskutiert und positiv bewertet (Kopatz 2015, 2021). Generell dienen alle Instrumente, die in diesem Leitfaden behandelt werden, der Stärkung der lokalen nachhaltigen Ernährungswirtschaft. Auf den ersten Blick können sie daher alle auch als *ökonomische Instrumente* eingestuft werden. Es muss jedoch zwischen *ökonomischen Instrumenten* im weiteren und im engeren Sinne unterschieden werden. *Ökonomische Instrumente* im engeren Sinne betreffen direkte ökonomische Transaktionen, wie z. B. die Instrumente *Öffentliche Beschaffung, Unterstützung des Vertriebs von Produkten* oder *Finanzierung von Betrieben*. In diesen Fällen tritt die Gemeinde als direkte wirtschaftliche Akteurin auf und ist Teil ökonomischer Transaktionen. So wird beispielsweise das Instrument *Verpachtung kommunaler Liegenschaften* als ein *ökonomisches* (und nicht als ein *regulierendes*) Instrument klassifiziert, da es direkte Wirtschaftsförderung betreibt

und die Kommune als wirtschaftliche Akteurin auftritt (Verpächterin). Beim Instrumente *Betrieb von kommunalen Unternehmen* tritt die Kommune gar als Un-
ternehmerin der lokalen Ernährungswirtschaft auf. Natürlich sind die Grenzen
zwischen ökonomischen Instrumenten im weiteren und im engeren Sinne in gewissem Maße interpretationsabhängig. Dennoch nimmt der Leitfaden eine Ab-
grenzung vor, welche die Anwendung der Instrumente hinsichtlich ordnungspoli-
tischer Zuständigkeiten innerhalb der Verwaltung vereinfachen soll.

Die Gruppe der *Instrumente der Kooperation* bezieht sich auf geregelte Initiativen und Projekte, bei denen die Kommunalverwaltungen federführend sind.
Sie stärken die Betriebe der lokalen nachhaltigen Ernährungswirtschaft vor allem
durch starke Partnerschaften und den Aufbau von Netzwerken. Ein grundlegendes
Ziel ist dabei die Erhöhung des Vernetzungsgrades innerhalb der lokalen Ernährungswirtschaft. Die drei Instrumente der Kooperation *Mitarbeit in partizipativen
Prozessen*, *Regionalmarketing* sowie *Vernetzungsaktivitäten* setzen daher alle auf
die Aktivierung und Förderung bereits vorhandener und damit endogener Potenziale lokaler Betriebe. Dazu gehört die Identifizierung, Förderung und Nutzung
des sog. „sozialen Kapitals" bestehender und entstehender Netzwerke von Betrieben der lokalen Ernährungswirtschaft und über diese hinaus (Sipple und Schanz
2019; Wiese und Rumberg 2021). Denn gerade hier sind Partnerschaften mit anderen öffentlichen und nicht-öffentlichen Organisationen erwünscht und im Sinne
einer modernen „Governance" vorgesehen. Die Kommune soll dabei explizit als
federführende Kooperationspartnerin auftreten. Solche kommunalen Förder- bzw.
Steuerungsformate gewinnen derzeit gegenüber den eher üblichen ökonomischen
und informatorischen Instrumenten zunehmend an Bedeutung (Möltgen-Sicking
2019; Haysom 2015).

In der Gruppe der *Instrumente der Information* sind jene Werkzeuge zusam-
mengefasst, mit denen die Kommunalverwaltung die lokale nachhaltige Ernährungswirtschaft durch Information, Bildung und Beratung unterstützt. Die
fünf Instrumente richten sich an unterschiedliche Zielgruppen. Beim Instrument
Studien zur Ernährung hängt es von der jeweiligen Ausrichtung der durchge-
führten Untersuchungen ab, wie die Betriebe der lokalen nachhaltigen Ernährungswirtschaft von den Ergebnissen profitieren. Das Instrument *Anreize für
Konsument*innen (Nudging)* fokussiert auf das Einkaufs- und Ernährungsver-
halten der lokalen Konsument*innen. Auch bei der Anwendung des Instruments
Praktische Ernährungsbildung sind die Konsument*innen die primäre Zielgruppe. Es handelt sich hierbei um ein bereits weit etabliertes kommunalpoliti-
sches Instrument zur Stärkung nachhaltiger Ernährungssysteme auf kommunaler Ebene (Moragues-Faus und Morgan 2015). Hervorzuheben ist, dass bei der
Anwendung des Instruments mittlerweile sinnvollerweise der bisherige Fokus

der Ernährungsbildung auf „gesunde Ernährung" um den Blick auf „nachhaltige Ernährung" erweitert wird (Schanz et al. 2020). Die Instrumente *Ausbildungsangebote zur Nachhaltigkeit* und *Beratungsangebote für Betriebe* richten sich ausschließlich an Betriebe der lokalen Ernährungswirtschaft. Die Anwendung dieser beiden Instrumente stellt generelle Ansatzpunkte für den Erhalt, die Stärkung und Weiterentwicklung der lokalen Ernährungswirtschaft dar (Sipple und Schanz 2021).

Insgesamt handelt es sich bei den zusammengestellten Instrumenten in fast allen Fällen *nicht* um neue Instrumente, sondern um die *Neuausrichtung bestehender Instrumente auf Nachhaltigkeitsziele,* wie z. B. bei der Neuausrichtung der Verpachtung kommunaler Liegenschaften auf Nachhaltigkeitskriterien. Natürlich bedarf eine solche Neuausrichtung etablierter Instrumente einer ausreichenden gesellschaftlichen und politischen Akzeptanz. Bei der Anwendung der Instrumente agieren die Kommunen allerdings auch nicht im Alleingang, sondern als Kooperationspartner*innen mit anderen Akteur*innen des Ernährungssystems – wie oben bereits erwähnt. Nur so können Lösungen für eine nachhaltige Entwicklung der Ernährungswirtschaft erarbeitet werden, von der letztlich alle Beteiligten profitieren (Giambartolomei et al. 2021; Morley und Morgan 2021).

4   Herausforderungen und weiterer Forschungs- und Schulungsbedarf

Die nachhaltige Gestaltung des Ernährungssystems wird angesichts anhaltender Krisen durch Klimawandel, globale Versorgungsunsicherheiten und Beeinträchtigungen der öffentlichen Gesundheit von immer mehr Städten und Gemeinden als kommunale Kernaufgabe erkannt. Es geht darum, das kommunale Ernährungssystem gleichzeitig umweltverträglich, gesundheitsfördernd, sozial gerecht und wirtschaftlich robust zu gestalten. So wächst auch das Interesse an einer gezielten Stärkung der lokalen nachhaltigen Ernährungswirtschaft als treibendem Faktor der kommunalen Ernährungswende. Das zunehmende Interesse wird durch eine Reihe von übergeordneten Einflussgrößen bedingt. Zum einen wird die Bedeutung der kommunalen Ebene für die Umsetzung von Nachhaltigkeitszielen immer wieder von Politik und Forschung betont (Dütschke et al. 2019; Kirst et al. 2014; Leal Filho 2019; Rogelj et al. 2016). Gerade die lokale Ernährungswirtschaft und ihre alltäglichen Praktiken von Produktion, Verarbeitung, Vertrieb und Konsum von Lebensmitteln stellen hierfür wichtige Hebel dar (Ilieva 2017, 2019). Zentrale Nachhaltigkeitsziele von Städten und Gemeinden können nur durch die Stärkung der lokalen nachhaltigen Ernährungswirtschaft erreicht werden (Morley und Morgan 2021). Zum anderen sind die Kommunen sowohl zur kommunalen Daseinsvorsorge verpflichtet als auch zur kommunalen Planungshoheit berechtigt und mit entsprechenden Entscheidungsbefugnissen ausgestattet (Bogumil 2018). Dies verpflichtet zur und erlaubt eine Steuerung der Ernährungswirtschaft in Richtung Nachhaltigkeit.

Während das Interesse an kommunalen Instrumenten zur Stärkung der lokalen nachhaltigen Ernährungswirtschaft stetig wächst, stößt deren praktische Anwendung in der Verwaltungsrealität allerdings schnell an ihre Grenzen. Dafür gibt es verschiedene Gründe, die von Kommune zu Kommune unterschiedlich sein können. Dazu gehören das Fehlen klarer politischer Rahmen- bzw. Zielsetzungen (Baldy 2019), begrenzte funktionale und operationelle Kapazitäten der Städte (Mansfield und Mendes 2013), eine hohe Arbeitsbelastung durch zahlreiche Aufgaben bei begrenzten personellen und finanziellen Ressourcen (Schanz et al. 2020; Morgan 2015; Grunau et al. 2020; Moragues et al. 2013), hoher öffentlicher Druck sowie mangelndes Wissen und Erfahrung mit dem komplexen Politikfeld kommunaler Ernährungspolitik (Haysom 2015; Mansfield und Mendes 2013; Morley und Morgan 2021; Narbón-Perpiñá und Witte 2018).

Während die erstgenannten Hindernisse strukturelle Veränderungen erfordern, können Wissen und institutionelle Kapazitäten mit verhältnismäßig geringerem Aufwand aufgebaut werden. Die hier vorgestellte Auswertung der bestehenden Literatur, sowie die Vorstellung und Positionierung des Leitfadens „Kommunale Instrumente für die nachhaltige Ernährungswirtschaft" (Sipple und Wiek 2023) setzen an dieser Stelle an. Dieser Beitrag hat die aktuelle Forschung zum Thema aufbereitet, bestehende Lücken identifiziert, sowie eine systematische Erfassung und praxisorientierte Beschreibung von kommunalen Instrumenten zur Stärkung der lokalen nachhaltigen Ernährungswirtschaft vorgestellt.

Während damit ein erster umfassender Blick auf die kommunale Steuerbarkeit der Ernährungswende durch die Stärkung der lokalen nachhaltigen Ernährungswirtschaft geworfen wird, besteht noch weiterer Forschungs- und Schulungsbedarf zu diesem Thema.

Der vorgestellte Leitfaden wurde über Expert*innen-Interviews und einen Stakeholder-Workshop, als Teil des BMBF-geförderten Forschungsprojekts KERNiG und in Zusammenarbeit mit dem Deutschen Städte- und Gemeindebund, validiert (DStGB 2022). Gleichzeitig wurden unter den Teilnehmenden dieses Workshops auch tiefergehendes Interesse und erste Kapazitäten für die praktische Anwendung der Instrumente gebildet. Gezielte Schulungen zu einzelnen oder mehreren Instrumenten für Praktiker*innen aus der Kommunalverwaltung sind nun essenziell, um die breitere Anwendungen in den Kommunen zu initiieren und zu unterstützen.

Die begleitende Forschung zu diesen Schulungen, sowie weitere Erhebungen bilden dann die Grundlage für verbesserte und umfassendere Aus- und Fortbildungsangebote, sowie für die kontinuierliche Einarbeitung neuer Instrumente und Anwendungen. Dies erfordert ein systematisches, zielgerichtetes und offenes Wissensmanagement, das auch den Transfer von praxiserprobten Instrumenten zwischen den Kommunen ermöglicht (Böcher 2014). Für das gemeinsame Lernen und die Ko-Produktion von Wissen und Anwendungspraktiken als partizipativen Prozess zwischen Praxis und Wissenschaft bedarf es ausreichender Ressourcen, Kooperationsbereitschaft und Sorgfalt von allen Beteiligten (Polk 2015).

Und schließlich muss die Evaluierung der angewendeten Instrumente deutlich ausgebaut und besser koordiniert werden. In der Tat sind die Anwendungen der meisten Instrumente bisher gar nicht oder nur sehr kursorisch evaluiert worden (Candel und Pereira 2017). Dies ist weniger auf unzureichende Indikatoren und Ziele als vielmehr auf das Fehlen kontinuierlicher Datenerhebung und valider Datenbasis zurückzuführen. Hier besteht großer Forschungsbedarf, um die Wirksamkeit der Instrumente zu überprüfen und zu verbessern. Nur so kann die kommunale Ernährungswende Richtung Nachhaltigkeit evidenzbasiert vorangetrieben werden (Sibbing et al. 2022).

Literatur

Antoni-Komar, Irene, Cordula Kropp, Niko Paech, und Reinhard Pfriem (Hrsg.). 2019. *Transformative Unternehmen und die Wende in der Ernährungswirtschaft.* Marburg: Metropolis-Verlag.

Baldy, Jana. 2019. Framing a Sustainable Local Food System—How Smaller Cities in Southern Germany Are Facing a New Policy Issue. *Sustainability* 11 (6): 1712. https://doi.org/10.3390/su11061712.

Behnassi, Mohamed, und Mahjoub El Haiba. 2022. Implications of the Russia-Ukraine war for global food security. *Nature Human Behaviour* 6 (6): 754–755. https://doi.org/10.1038/s41562-022-01391-x.

Ben Hassen, Tarek, und Hamid El Bilali. 2022. Impacts of the Russia-Ukraine War on Global Food Security: Towards More Sustainable and Resilient Food Systems? *Foods (Basel, Switzerland)* 11 (15). https://doi.org/10.3390/foods11152301.

Böcher, Michael. 2014. *Mit Wissen bewegen!: Erfolgsfaktoren für Wissenstransfer in den Umweltwissenschaften.* München: oekom.

Bogner, Alexander, Beate Littig, und Wolfgang Menz. 2014. *Interviews mit Experten: Eine praxisorientierte Einführung.* Wiesbaden: Springer Fachmedien Wiesbaden.

Bogumil, Jörg. 2018. Kommunale Selbstverwaltung – Gemeinden/Kreise. In *Handbuch Staat*, Hrsg. Rüdiger Voigt, 765–774. Wiesbaden: Vieweg.

Brand, Caroline, Nicolas Bricas, Damien Conaré, Benoît Daviron, Julie Debru, Laura Michel, und Christophe-Toussaint Soulard (Hrsg.). 2019. *Designing urban food policies: Concepts and approaches.* Cham, Switzerland: Springer.

Brasche, Julia. 2019. Kommunale Klimapolitik, Technische Universität München. https://mediatum.ub.tum.de/1452980.

Brinkley, Catherine. 2013. Avenues into Food Planning: A Review of Scholarly Food System Research. *International Planning Studies* 18 (2): 243–266. https://doi.org/10.1080/13563475.2013.774150.

BMEL (Bundesministerium für Ernährung und Landwirtschaft). 2021. Ernährungsgewerbe: Struktur und wirtschaftliche Bedeutung. Abgerufen am 29. März 2023. https://www.bmel-statistik.de/ernaehrung-fischerei/ernaehrungsgewerbe.

Candel, Jeroen J.L., und Laura Pereira. 2017. Towards integrated food policy: Main challenges and steps ahead. *Environmental Science & Policy* 73:89–92. https://doi.org/10.1016/j.envsci.2017.04.010.

Cohen, Nevin. 2014. Urban food systems strategies. In *Elgar companion to sustainable cities: Strategies, methods and outlook*, Hrsg. Daniel A. Mazmanian und Hilda Blanco, 57–85. Cheltenham: Edward Elgar Pub. Limited.

Cohen, Nevin. 2022. Roles of Cities in Creating Healthful Food Systems. Annual review of public health 43:419–437. https://doi.org/10.1146/annurev-publhealth-052220-021059.

DStGB (Deutscher Städte- und Gemeindebund). 2022. Praxis-Impuls: Instrumente zur Stärkung der nachhaltigen lokalen Ernährungswirtschaft. Abgerufen am 3. April 2023. https://www.dstgb.de/aktuelles/2022/instrumente-zur-staerkung-der-nachhaltigen-lokalen-ernaehrungswirtschaft/.

Doernberg, Alexandra, Paula Horn, Ingo Zasada, und Annette Piorr. 2019. Urban food policies in German city regions: An overview of key players and policy instruments. *Food Policy* 89:101782. https://doi.org/10.1016/j.foodpol.2019.101782.

Dütschke, Elisabeth, Jonathan Köhler, Norman Laws, Ulrike Hacke und Jutta Nierste-Hollenberg, et al. 2019. Kommunen als Motoren einer Nachhaltigkeitstransformation – Erfahrungen aus den Feldern Energie, Wasser und Wohnen. In *Aktuelle Ansätze zur Umsetzung der UN-Nachhaltigkeitsziele*, Hrsg. Walter Leal Filho, 79–98. Berlin: Springer Spektrum.

Eberle, Ulrike, Doris Hayn, Regine Rehaag, und Ulla Simshäuser. 2006. *Ernährungswende: Eine Herausforderung für Politik, Unternehmen und Gesellschaft*. München: Oekom Verlag.

Eberle, Ulrike, Jenny Teufel, Dietlinde Quack, Irene Antoni-Komar und Nina Langen, et al. 2018. Ernährungssysteme nachhaltig umbauen: Vier Handlungsfelder für die Politik. *GAIA – Ecological Perspectives for Science and Society* 27 (4): 394–395. https://doi.org/10.14512/gaia.27.4.14.

Engler, Steven, Oliver Stengel, und Wilfried Bommert (Hrsg.). 2016. *Regional, Innovativ Und Gesund: Nachhaltige Ernahrung Als Teil Der Grossen Transformation*. Göttingen: Vandenhoeck & Ruprecht.

Fonte, Maria. 2013. Food consumption as social practice: Solidarity Purchasing Groups in Rome, Italy. *Journal of Rural Studies* 32:230–239. https://doi.org/10.1016/j.jrurstud.2013.07.003.

Forrest, Nigel, Arnim Wiek, und Lauren Withycombe Keeler. 2023. Accelerating the transformation to a sustainable food economy by strengthening the sustainable entrepreneurial ecosystem. *Frontiers in Sustainable Food Systems* 6:678. https://doi.org/10.3389/fsufs.2022.970265.

G7 Development Ministers. 2022. Achieving the Sustainable Development Goals in Times of Multiple Crises. G7 Development Ministers' Meeting Communiqué. Abgerufen am

64

29. Juni 2023. https://www.bmz.de/resource/blob/109512/a8488cf9a237324535aac-5307783c02b/220519-abschlusserklaerung-der-g7-entwicklungsminister-innen-data.pdf.

Galda, Anna. 2017. *Ernährungssystemplanung in Deutschland*. Technische Universität Berlin. https://doi.org/10.14279/depositonce-5731.

Giambartolomei, Gloria, Francesca Forno, und Colin Sage. 2021. How food policies emerge: The pivotal role of policy entrepreneurs as brokers and bridges of people and ideas. *Food Policy* 103:102038. https://doi.org/10.1016/j.foodpol.2021.102038.

Grabow, Busso, und Dietrich Henckel. 1994. Kommunale Wirtschaftspolitik. In *Kommunalpolitik*, 424–439: VS Verlag für Sozialwissenschaften, Wiesbaden.

Grunau, Philipp, Markus Janser, Marie-Christine Laible, Florian Lehmer und Britta Matthes, et al. 2020. Covid-19-Pandemie und Klimawandel als Beschleuniger des Strukturwandels: Fachkräftesicherung in Zeiten von Digitalisierung und Defossilisierung. Stellungnahme des IAB zur Anhörung beim Sachverständigenrat zur Begutachtung der gesamtwirtschaftlichen Entwicklung am 8. Oktober 2020. Nürnberg: Institut für Arbeitsmarkt- und Berufsforschung (IAB) (IAB-Stellungnahme, 11/2020). Abgerufen am 29. Juni 2023. https://www.econstor.eu/handle/10419/234308.

Hallmann, Ina Anja. 2021. Ansätze einer nachhaltigen Wirtschaftsförderung auf kommunaler Ebene. In *Handbuch Innovative Wirtschaftsförderung*, 421–438: Springer Gabler, Wiesbaden.

Halvey, Madeline R., Raychel E. Santo, Sara N. Lupolt, Trent J. Dilka und Brent F. et al. 2021. Beyond backyard chickens: A framework for understanding municipal urban agriculture policies in the United States. *Food Policy* 103:102013. https://doi.org/10.1016/j.foodpol.2020.102013.

Haysom, Gareth. 2015. Food and the City: Urban Scale Food System Governance. *Urban Forum* 26 (3): 263–281. https://doi.org/10.1007/s12132-015-9255-7.

Ilieva, Rositsa T. 2017. Urban Food Systems Strategies: A Promising Tool for Implementing the SDGs in Practice †. *Sustainability* 9 (10): 1707. https://doi.org/10.3390/su9101707.

Ilieva, Rositsa T. 2019. *Urban Food Planning*. London: Routledge, Taylor & Francis Group.

Karg, Ludwig, Ullrich Frohnmeier, und Jana Betz. 2017. Kommunal & Regional – gesucht und gefunden: kommunal unterstützte Projekte, die Stadt & Land verbinden! Hg. v. Bundesverband der Regionalbewegung e. V. Abgerufen am 30. Dezember 2023. https://www.regionalbewegung.de/web/content/12621/Broschuere_REGIOkommune_8MB.pdf?unique=55ece409d06d7a94de0fd22f33677e62183022b8

Kirst, Ev, Simon Trockel, und Harald Heinrichs. 2014. Nachhaltige Kommunalverwaltung. In *Nachhaltigkeitswissenschaften*, 549–565: Springer Spektrum, Berlin, Heidelberg.

Koerber, Karl von, Julian Waldenmaier, und Maike Cartsburg. 2020. Nutrition and the guiding principle of sustainability. Global challenges and problem-solving approaches on a national and international, UN level. *Ernährungs Umschau* 32–41. https://doi.org/10.4455/eu.2020.011.

Koerber, K. von, und Maike Cartsburg. 2020. UN-Ziele für nachhaltige Entwicklung – Der Beitrag der Ernährung. *Ernährung im Fokus* (1): 34–41.

Kopatz, Michael. 2015. *Wirtschaftsförderung 4.0: kooperative Wirtschaftsformen in Kommunen*.

Kopatz, Michael. 2021. *Wirtschaft ist mehr!: Wachstumsstrategien für nachhaltige Geschäftsmodelle in der Region. Das Buch zur »Wirtschaftsförderung 4.0«.* München: Oekom Verlag.

Kropp, Cordula, Sabine Gerlach, und Harald Ulmer. 2006. Die Akteur-Netz-Werke der Bio-Milch: eine alternative Forschungsperspektive. In *Von der Agrarwende zur Konsumwende?: Die Kettenperspektive. Ergebnisband 2*, Hrsg. Karl-Werner Brand, 175–198. München: Oekom-Verl., Ges. für Ökologische Kommunikation.

Le Velly, Ronan, und Ivan Dufeu. 2016. Alternative food networks as "market agencements": Exploring their multiple hybridities. *Journal of Rural Studies* 43:173–182. https://doi.org/10.1016/j.jrurstud.2015.11.015.

Leal Filho, Walter. 2019. Die Nachhaltigkeitsziele der UN: eine Chance zur Vermittlung eines besseren Verständnisses von Nachhaltigkeitsherausforderungen. In *Aktuelle Ansätze zur Umsetzung der UN-Nachhaltigkeitsziele*, 1–20: Springer Spektrum, Berlin, Heidelberg.

Luthe, Tobias, Romano Wyss, und Markus Schuckert. 2012. Network governance and regional resilience to climate change: empirical evidence from mountain tourism communities in the Swiss Gotthard region. *Regional Environmental Change* 12 (4): 839–854. https://doi.org/10.1007/s10113-012-0294-5.

Mallard, Alexandre. 2016. Concerning urban consumption: on the construction of market agencements for retail trade. *Consumption Markets & Culture* 19 (1): 56–70. https://doi.org/10.1080/10253866.2015.1068170.

Mansfield, Brent, und Wendy Mendes. 2013. Municipal Food Strategies and Integrated Approaches to Urban Agriculture: Exploring Three Cases from the Global North. *International Planning Studies* 18 (1): 37–60. https://doi.org/10.1080/13563475.2013.750942.

Mayring, Philipp. 2015. *Qualitative Inhaltsanalyse: Grundlagen und Techniken*, 12. Aufl. Weinheim: Beltz.

Meuser, Michael, und Ulrike Nagel. 2009. Das Experteninterview — konzeptionelle Grundlagen und methodische Anlage. In *Methoden der vergleichenden Politik- und Sozialwissenschaft*, Hrsg. Susanne Pickel, Detlef Jahn, Hans-Joachim Lauth und Gert Pickel, 465–479. Wiesbaden: VS Verlag für Sozialwissenschaften.

Möltgen-Sicking, Katrin. 2019. Lokale und regionale Governance als Ansätze der Steuerung, Koordination und Organisation in Kommunen und Regionen. In *Governance: Eine Einführung in Grundlagen und Politikfelder*, Hrsg. Katrin Möltgen-Sicking und Thorben Winter, 23–44. Wiesbaden: Springer VS, Springer Fachmedien Wiesbaden.

Moragues, A., K. Morgan, H. Moschitz, I. Neimane, H. Nilsson, M. Pinto, H. Rohtacher, R. Ruiz, T. Tisenkops, und J. Halliday. 2013. *Urban Food Strategies. The rough guide to sustainable food systems.*

Moragues-Faus, Ana, und Kevin Morgan. 2015. Reframing the foodscape: the emergent world of urban food policy. *Environment and Planning A: Economy and Space* 47 (7): 1558–1573. https://doi.org/10.1177/0308518X15595754.

Morgan, Kevin. 2015. Nourishing the city: The rise of the urban food question in the Global North. *Urban Studies* 52 (8): 1379–1394. https://doi.org/10.1177/0042098014534902.

Morley, Adrian, und Kevin Morgan. 2021. Municipal foodscapes: Urban food policy and the new municipalism. *Food Policy* 103:102069. https://doi.org/10.1016/j.foodpol.2021.102069.

Narbón-Perpiñá, Isabel, und Kristof de Witte. 2018. Local governments' efficiency: a systematic literature review—part I. *International Transactions in Operational Research* 25 (2): 431–468. https://doi.org/10.1111/itor.12364.

Pahl-Weber, Elke, und Frank Schwartze. 2018. Stadtplanung. In *Handwörterbuch der Stadt- und Raumentwicklung*, 2018. Aufl., Hrsg. Akademie für Raumforschung und Landesplanung, 2509–2520. Hannover: Akademie für Raumforschung und Landesplanung.

Polk, Merritt. 2015. Transdisciplinary co-production: Designing and testing a transdisciplinary research framework for societal problem solving. *Futures* 65:110–122. https://doi.org/10.1016/j.futures.2014.11.001.

Pörtner, Lisa M., Nathalie Lambrecht, Marco Springmann, Benjamin Leon Bodirsky und Franziska Gaupp, et al. 2022. We need a food system transformation—In the face of the Russia-Ukraine war, now more than ever. *One Earth* 5 (5): 470–472. https://doi.org/10.1016/j.oneear.2022.04.004.

Reisch, Lucia, Ulrike Eberle, und Sylvia Lorek. 2013. Sustainable food consumption: an overview of contemporary issues and policies. *Sustainability: Science, Practice and Policy* 9 (2): 7–25. https://doi.org/10.1080/15487733.2013.11908111.

Rogelj, Joeri, Michel den Elzen, Niklas Höhne, Taryn Fransen und Hanna Fekete, et al. 2016. Paris Agreement climate proposals need a boost to keep warming well below 2 °C. *Nature* 534 (7609): 631–639. https://doi.org/10.1038/nature18307.

Schanz, Heiner, Michael Pregernig, Jana Baldy, David Sipple, und Sylvia Kruse. 2020. Kommunen gestalten Ernährung: neue Handlungsfelder nachhaltiger Stadtentwicklung. DStGB Dokumentation, 2020, Nr. 153. Deutscher Städte- und Gemeindebund, Berlin. https://doi.org/10.6094/UNIFR/154838.

Schanz, Heiner, und David Sipple. 2023. Ernährung als Aufgabe der kommunalen Daseinsvorsorge? In *Nachhaltige Gestaltung von lokalen Ernährungssystemen durch Kommunalpolitik und -verwaltung*, Hrsg. David Sipple, Arnim Wiek und Heiner Schanz: Springer.

Sibbing, Lara, Jeroen Candel, und Katrien Termeer. 2021. A comparative assessment of local municipal food policy integration in the Netherlands. *International Planning Studies* 26 (1): 56–69. https://doi.org/10.1080/13563475.2019.1674642.

Sibbing, Lara V., Jessica Duncan, Sabrina Arcuri, Francesca Galli, und Bettina B. Bock. 2022. Assessing what food policies lead to on the ground: exploring opportunities and challenges of the MUFPP indicator framework. *Agroecology and Sustainable Food Systems* 46 (9): 1414–1439. https://doi.org/10.1080/21683565.2022.2106007.

Sipple, David, und Heiner Schanz. 2019. Nachhaltige Stadtentwicklung über kommunale Ernährungssysteme: Marktakteursnetzwerke als Ansatzpunkte zur Gestaltung und Steuerung. *Zeitschrift für Wirtschaftsgeographie* 63 (1): 1–22. https://doi.org/10.1515/zfw-2018-0024.

Sipple, David, und Heiner Schanz. 2021. Hebelpunkte lokaler Ökonomien. Der Betriebberückgang im lokalen Lebensmittelhandwerk aus systemischer Perspektive. *Raumforschung und Raumordnung | Spatial Research and Planning* 79 (1): 58–72. https://doi.org/10.14512/rur.33.

Sipple, David, und Heiner Schanz. 2023. Hebelpunkte der Kommunalpolitik und -verwaltung zur nachhaltigen Gestaltung lokaler Ernährungssysteme. In *Nachhaltige Gestaltung von lokalen Ernährungssystemen durch Kommunalpolitik und -verwaltung*, Hrsg. David Sipple, Arnim Wiek und Heiner Schanz: Springer.

Sipple, David, und Arnim Wiek. 2023. Kommunale Instrumente zur Stärkung der nachhaltigen Ernährungswirtschaft. Universität Freiburg. Institut für Umweltsozialwissenschaften und Geographie. https://doi.org/10.6094/UNIFR/235345.

Spiller, Achim, Anke Zühlsdorf, und Sina Nitzko. 2017a. Instrumente der Ernährungspolitik, Ein Forschungsüberblick – Teil 1. https://doi.org/10.4455/eu.2017.012.

Spiller, Achim, Anke Zühlsdorf, und Sina Nitzko. 2017b. Instrumente der Ernährungspolitik. Ein Forschungsüberblick – Teil 2. *Ernahrungs Umschau* M2014-M210. https://doi.org/10.4455/eu.2017.015.

Stephens, Emma C., Guillaume Martin, Mark van Wijk, Jagadish Timsina, und Val Snow. 2020. Editorial: Impacts of COVID-19 on agricultural and food systems worldwide and on progress to the sustainable development goals. *Agricultural Systems* 183:102873. https://doi.org/10.1016/j.agsy.2020.102873.

Stierand, Philipp. 2014. *Speiseräume: Die Ernährungswende beginnt in der Stadt.* Berlin: Oekom Verlag.

Stierand, Philipp. 2016. Urbane Wege zur nachhaltigen Lebensmittelversorgung. Potentiale und Instrumente kommunaler Ernährungspolitik. In *Regional, Innovativ Und Gesund: Nachhaltige Ernahrung Als Teil Der Grossen Transformation*, Hrsg. Steven Engler, Oliver Stengel und Wilfried Bommert, 177–135. Göttingen: Vandenhoeck & Ruprecht.

Swinnen, Johan, und John McDermott. 2020. Covid-19 and Global Food Security. *Euro-Choices* 19 (3): 26–33. https://doi.org/10.1111/1746-692X.12288.

van den Heiligenberg, Harm A.R.M., Gaston J. Heimeriks, Marko P. Hekkert, und Frank G. van Oort. 2017. A habitat for sustainability experiments: Success factors for innovations in their local and regional contexts. *Journal of Cleaner Production* 169:204–215. https://doi.org/10.1016/j.jclepro.2017.06.177.

Wiek, Arnim. 2020. The Sustainable Food Economy in the Freiburg Region. Report. Arizona State University. Abgerufen am 05. Juni 2023. https://sfelab.org/wp-content/uploads/2023/05/Wiek-2020-SFE-Freiburg.pdf.

Wiek, Arnim, David Sipple, Sebastian Pomm, Michael Krumböck, und Hans-Jörg Henle. 2023. Integration von Instrumenten der Kommunalpolitik und -verwaltung zur nachhaltigen Entwicklung der lokalen Ernährungswirtschaft: Beispiele aus Leipzig und Leutkirch. In *Nachhaltige Gestaltung von lokalen Ernährungssystemen durch Kommunalpolitik und -verwaltung*, Hrsg. David Sipple, Arnim Wiek und Heiner Schanz: Springer.

Wiek, Arnim, und Lucia Gascón. 2021. Sustainable Food System Governance in the Upper-Rhine Region. Report. Universität Freiburg. Online verfügbar unter https://sfelab.org/wp-content/uploads/2023/05/Wiek-Gascon-2021-Report-SFS-Gov-in-UUR.pdf, zuletzt geprüft am 05.06.2023.

Wiek, Arnim, Volz, Peter und Andreas Dilger. 2022. Ernährungswirtschaft, Kultur und Nachhaltigkeit – Zur Entwicklung der Agrikultur-Region Freiburg. AgriKultur e. V. Abgerufen am 29. März 2023. https://agrikulturfestival.de/wp-content/uploads/2022/06/Agrikultur-Region-Freiburg_verteil-1.pdf.

Wiek, Arnim, Williams, S., Kaye, L., Costa, A., und B. Kay. 2020. Fostering a Sustainable Local Food Economy – The Role of the City. Report. Hg. v. Sustainable Food Economy Lab, School of Sustainability. Arizona State University.

Wiese, Esther, und Michael Rumberg. 2021. Regionale, resiliente Ernährungssysteme – am Beispiel der Region Freiburg. In *Nachhaltiger Konsum: Best Practices aus Wissenschaft, Unternehmenspraxis, Gesellschaft, Verwaltung und Politik*, Hrsg. Wanja Wellbrock und Daniela Ludin, 251–262. Wiesbaden: Springer Fachmedien Wiesbaden.

Integration von kommunalen Instrumenten zur nachhaltigen Entwicklung der lokalen Ernährungswirtschaft – Beispiele aus Leipzig und Leutkirch

Arnim Wiek, David Sipple, Sebastian Pomm, Michael Krumböck und Hans-Jörg Henle

Zusammenfassung

In immer mehr Kommunen haben Politik wie Verwaltung die Bedeutung der lokalen Ernährungswirtschaft erkannt und begonnen, diese durch Planung, Wirtschaftsförderung, Kooperation, sowie Bildung und Information nachhaltig zu entwickeln. Allerdings beschränken sich die meisten solcher Versuche auf punktuelle Anwendungen kommunaler Instrumente. Es gibt kaum Beispiele

A. Wiek (✉) · D. Sipple
Universität Freiburg, Freiburg, Deutschland
E-Mail: arnim.wiek@vwl.uni-freiburg.de

D. Sipple
E-Mail: david.sipple@vwl.uni-freiburg.de

S. Pomm
Stadt Leipzig, Leipzig, Deutschland
E-Mail: sebastian.pomm@leipzig.de

M. Krumböck · H.-J. Henle
Stadt Leutkirch im Allgäu, Leutkirch, Deutschland
E-Mail: michael.krumboeck@leutkirch.de

H.-J. Henle
E-Mail: hans-joerg.henle@leutkirch.de

von integrativen/systemischen Ansätzen, bei denen eine Vielzahl von kommunalen Instrumenten sektorenübergreifend zur Anwendung kommen. Ausnahmen sind die Stadt Leipzig und die Stadt Leutkirch im Allgäu, neben einigen anderen. Dieser Beitrag stellt die integrativen Ansätze dieser beiden Städte vor, diskutiert sie kritisch und konstruktiv, und zieht Schlussfolgerungen hinsichtlich der Möglichkeiten und Herausforderungen für die integrative nachhaltige Entwicklung der lokalen Ernährungswirtschaft.

1   Einleitung

Für Stadt- und Gemeindeverwaltungen in Deutschland steht ein breites Spektrum an kommunalen Instrumenten aus den Bereichen Planung, Wirtschaftsförderung, Kooperation, sowie Bildung und Information zur Verfügung, um die nachhaltige Entwicklung der lokalen Ernährungswirtschaft zu unterstützen (Galda 2017; Doernberg et al. 2019; Hanke et al. 2022; Sipple und Wiek 2023; Sipple et al. 2023b). Eine Vielzahl von Stadt- und Gemeindeverwaltungen in Deutschland hat über die letzten Jahre begonnen, die nachhaltige Entwicklung des Ernährungssektors in den Blick zu nehmen und erste Anwendungen solcher Instrumente durchzuführen.

Dabei beschränken sich die meisten Kommunalverwaltungen auf punktuelle Anwendungen einzelner solcher Instrumente. Nur wenige Städte und Gemeinden haben bisher einen umfassenden bzw. integrativen oder systemischen Ansatz gewählt, um die Ernährungswende Richtung Nachhaltigkeit auf kommunaler Ebene voranzutreiben (Doernberg et al. 2019; Sibbing et al. 2021). Das liegt erstens an begrenzter politischer Priorisierung, sowie unzureichender Ausstattung mit personellen und finanziellen Mitteln. Zweitens wurde die Ernährungswende in Deutschland lange Zeit überwiegend von zivilgesellschaftlichen Organisationen, wie z. B. Umweltverbänden und Ernährungsräten, verfolgt (Eberle et al. 2006); erst seit wenigen Jahren wird die Ernährungswende auch von Politik und Wirtschaft als zentrale Zielstellung der nachhaltigen Stadt- und Gemeindeentwicklung anerkannt (Galda 2017; Schrode et al. 2019). Und drittens brauchte es einige Zeit und die zunehmenden Erfahrungen aus Energie- und Verkehrswende, um die Einsicht reifen zu lassen, dass integrative/systemische, d. h. sektorenübergreifende Ansätze auch für die Transformation des Ernährungssystems Richtung Nachhaltigkeit unabdingbar sind (Eberle et al. 2006; Schrode et al. 2019; Wunder 2019; Radtke 2021; Hanke et al. 2022). Kommunalverwaltungen im Ausland, u. a. in Frankreich (z. B. in Loos-en-Gohelle und in

Mouans-Sartoux), haben bereits früher integrative Ansätze verfolgt (Galda 2017; FAO 2018; Sibbing et al. 2021).

Integrative Ansätzen sind auch speziell für die nachhaltige Entwicklung der Ernährungswirtschaft erforderlich (Candel und Pereira 2017; Antoni-Komar et al. 2019). Während sicherlich alle Anwendungen von Instrumenten zur Stärkung der lokalen nachhaltigen Ernährungswirtschaft zu begrüßen sind, bedarf es doch integrativer Ansätze, um die Nachhaltigkeitstransformation zu bewältigen (Galda 2017; Sibbing et al. 2021). Aus vereinzelten und sektoriellen Anwendungen können Ineffizienzen und im ungünstigsten Fall sogar Konflikte entstehen (Candel und Pereira 2017; Pohle et al. 2021). Integrative Ansätze hingegen ermöglichen es, über das Zusammenspiel verschiedener Instrumente in allen relevanten Bereichen der Ernährungswirtschaft Veränderungen in Richtung Nachhaltigkeit zu unterstützen und damit Synergien zu erzielen, welche die positiven Entwicklungen beschleunigen können (Sibbing et al. 2021).

Im nächsten Abschnitt stellen wir eine einfache Operationalisierung des integrativen Ansatzes vor und in den dann folgenden Abschnitten werden die beiden Fallbeispiele aus Leipzig und Leutkirch im Allgäu beschrieben und diskutiert.

2 Was sind integrative/systemische Ansätze zur Förderung der lokalen nachhaltigen Ernährungswirtschaft?

Im Unterschied zu vereinzelten Anwendungen von kommunalen Instrumenten zur nachhaltigen Entwicklung der lokalen Ernährungswirtschaft zeichnen sich integrative oder systemische Ansätze dadurch aus, dass sie a) die sektorenübergreifende Entwicklung durch politische Rahmenbedingen (Strategien, Ziele) verankern, b) ausreichend finanzielle und personelle Mittel in der Verwaltung bereitstellen, sowie c) Instrumente aus allen Bereichen von Planung, Wirtschaftsförderung, Kooperation, sowie Bildung und Information anwenden (Candel und Pereira 2017; Sibbing et al. 2021). In allen drei Punkten ist die Umsetzung mit einer Anzahl von Herausforderungen konfrontiert, für die effiziente Lösungen gefunden werden müssen.

Die Verankerung der nachhaltigen Entwicklung der lokalen Ernährungswirtschaft kann im politischen Leitbild, Entwicklungskonzept, und/oder anderen strategischen Dokumenten der Stadt oder Gemeinde erfolgen. Idealerweise gibt es dann noch eine Übersetzung in konkretere (strategische) Entwicklungsziele und messbare Kenngrößen/Indikatoren (Candel und Pereira 2017). Die Verbindlichkeit und der tatsächliche Einbezug dieser Ziele in kommunale

Haushaltsentscheidungen und Programmentwicklungen variiert von Gemeinde zu Gemeinde (Sibbing et al. 2021). Daher ist es wichtig, sich hier nicht nur auf das geschrieben Wort zu verlassen, sondern die tatsächliche Umsetzung zu beobachten, zu dokumentieren und einzufordern. In den letzten Jahren haben einige Städte und Gemeinden begonnen, zumeist über die Ernährungsräte, sogenannte „Ernährungsstrategien" zu entwickeln, um die nachhaltige Entwicklung des Ernährungssystems auf kommunaler Ebene integrativ zu unterstützen (Galda 2017; Michel et al. 2022). Ernährungsstrategien umfassen zumeist auch einen Abschnitt zur notwendigen Veränderung der Ernährungswirtschaft, der aber zumeist allgemein gehalten, von untergeordneter Bedeutung und daher nur von begrenzter Wirkung ist (Wunder 2019).

Für die Erreichung dieser kommunalen Entwicklungsziele müssen ausreichend finanzielle und personelle Mittel bereitgestellt werden (Doernberg et al. 2019). Dabei geht es um die Rekrutierung von Fachleuten in die kommunalen Verwaltungen (z. B. kommunale*r Fachbeauftragte*r für Ernährung(swirtschaft) oder „food policy manager", siehe City of Austin (2022)), sowie um die Einrichtung von Querschnittsgruppen, welche relevante Themen der Ernährungswirtschaft bereichsübergreifend bearbeiten (FAO 2018; Wunder 2019; Hanke et al. 2022). Den beschriebenen Schritten stehen gewisse Hindernisse entgegen. Erstens werden nicht alle strategischen Entwicklungsziele in kommunalen Haushaltsdebatten gleichermaßen mit finanziellen Mitteln bedacht. Zweitens ist es, selbst wenn eine Förderung bewilligt wird, aufgrund der mangelnden Ausbildungsmöglichkeiten an deutschen Universitäten und Fachhochschulen oft schwierig, Wirtschaftsfachleute mit Spezialisierung auf die nachhaltige Entwicklung der Ernährungswirtschaft zu rekrutieren. Nicht zuletzt sind Kommunalverwaltungen aufgrund begrenzter personeller Ressourcen und einer Vielzahl von Aufgaben oft nicht in der Lage, Querschnittsgruppen einzurichten, um Themen bereichsübergreifend zu behandeln. In allen Punkten zeigt sich auch die Wichtigkeit, dass im weiteren Kontext von Politik (Haushalt) und Ausbildung die Weichenstellungen für die nachhaltige Entwicklung der lokalen Ernährungswirtschaft erfolgen müssen (Forrest et al. 2023).

Schließlich geht es dann darum, ein Programm zu entwickeln, das die Anwendungen von Instrumenten zur Förderung der lokalen nachhaltigen Ernährungswirtschaft aus allen Bereichen der kommunalen Planung, Wirtschaftsförderung, Kooperation, sowie Bildung und Information umsetzt. Idealerweise erfolgt dies durch regelmäßige bereichsübergreifende Koordination innerhalb der Kommunalverwaltungen und ihrer Praxispartner (Candel und Pereira 2017). Allerdings stecken diese Entwicklungen in den meisten Städten und Gemeinden noch in den Kinderschuhen, wodurch sich die meisten Anwendungen erst im

Pilotstadium befinden und eine gezielte Koordination noch aussteht (Doernberg et al. 2019; Sibbing et al. 2021). In dieser Entwicklung könnten exemplarische integrative Ansätze von Kommunalverwaltungen aus dem Ausland hilfreich sein, wobei diese sich oft nicht auf die Transformation der Ernährungs*wirtschaft* fokussieren (FAO 2018; Doernberg et al. 2019; Sibbing et al. 2021).

Entsprechend der aufgezeigten Aspekte beschreiben und diskutieren wir die beiden integrativen Ansätze in Leipzig und in Leutkirch im Allgäu wie folgt:

- Verankerung in politischen Rahmenbedingen (Strategien, Ziele)
- Bereitstellung finanzieller und personeller Mittel für die Umsetzung
- Anwendung von Instrumenten in Planung, Wirtschaftsförderung, Kooperation, sowie Bildung und Information
- Herausforderungen und Lösungen der Umsetzung

Abschließend fassen wir die positiven Entwicklungen und kritischen Punkte bei der Umsetzung des jeweiligen integrativen Ansatzes zusammen.

3   Integrativer Ansatz zur Förderung der lokalen nachhaltigen Ernährungswirtschaft in der Stadt Leipzig

Ist der integrative Ansatz in politischen Rahmenbedingungen (Strategien, Ziele) verankert?

Die Förderung der lokalen nachhaltigen Ernährungswirtschaft wird in Politik und Verwaltung der Stadt Leipzig seit Jahren verstärkt in den Blick genommen. Den allgemeinen Kontext für die Ernährungswende Richtung Nachhaltigkeit bietet die kommunale Verpflichtung zur Daseinsvorsorge für alle Bürger*innen. Im aktuellen „Integrierten Stadtentwicklungskonzept (INSEK) Leipzig 2030" (Stadt Leipzig 2018) heißt es, die Stadt Leipzig will „ihrer Eigenverantwortung gerecht werden und die Leistungen der kommunalen Daseinsvorsorge für künftige Generationen erbringen" (S. 26). Weiter heißt es im Hinblick auf die Kommunalwirtschaft, dass diese „eine wesentliche Garantin der Daseinsvorsorge" sei und bleiben solle (S. 33). Zudem stellt sich die Stadt den „Aufgaben der wirtschaftlichen Zukunftsfähigkeit auf Augenhöhe mit der sozialen und gesellschaftlichen Integration und den ökologischen Konsequenzen"; hierbei „[wirken] die 17 Oberziele der Vereinten Nationen für eine Nachhaltige Entwicklung [...] übergreifend in alle strategischen Ziele und Handlungsschwerpunkte hinein" (S. 26). Aufbauend auf diesem allgemeinen im Jahr 2018 verabschiedeten integrierten

Stadtentwicklungskonzept hat die Stadt Leipzig ihre weitreichenden ernährungspolitischen Ambitionen in den Folgejahren untermauert: in 2019 durch die Teilnahme am interkommunalen Verbundprojekt „WERTvoll" (2019–2023, gefördert durch das BMBF) zur Entwicklung nachhaltiger regionaler Liefer- und Wertschöpfungsketten für Lebensmittel; in 2020 durch den Einbezug von ernährungsbezogenen Maßnahmen in das „Sofortmaßnahmenprogramm zum Klimanotstand 2020" (nach Ausruf des Klimanotstandes in 2019) (Stadt Leipzig 2020); und in 2022 durch die Verankerung von ernährungsbezogenen Maßnahmen im „Energie- und Klimaschutzprogram (EKSP) 2030" (Stadt Leipzig 2023a). Seit Anfang 2023 wird das INSEK 2030 stadtintern evaluiert, u. a. im Hinblick auf die kommunale Ernährungswende und die nachhaltige Entwicklung der lokalen Ernährungswirtschaft – aktuell ist allerdings noch offen, welche Veränderungen in Bezug auf die Gesamtstrategie der Stadt und spezifisch für das Thema Ernährung daraus resultieren. Zudem kooperiert die Stadtverwaltung gegenwärtig mit dem Ernährungsrat Leipzig, um festzulegen, wie die kommunale Ernährungsstrategie erarbeitet werden soll. Fest steht bereits, dass der Prozess unter breiter Beteiligung aller relevanten Akteursgruppen ablaufen und in 2024 beginnen soll. Auch hierdurch erhofft man sich Impulse für die weitere Verankerung ernährungs(wirtschafts)politischer Themen in der strategischen Ausrichtung der Stadtentwicklung in Leipzig.

Sind finanzielle und personelle Mittel zur Umsetzung des integrativen Ansatzes bereitgestellt?
Im Nachgang zum Ausruf des Klimanotstandes in 2019 wurde in 2021 das Referat „Nachhaltige Entwicklung und Klimaschutz" eingerichtet, welches innerhalb der Kommunalverwaltung die Umsetzung von Klimaschutzmaßnahmen, einschließlich ernährungsbezogener Maßnahmen, koordiniert. Seit Sommer 2022 gibt es in diesem Referat einen städtischen Ernährungsbeauftragten (Sebastian Pomm), der für Fragen der nachhaltigen Land- und Ernährungswirtschaft zuständig ist. Dieser initiiert, koordiniert und implementiert gemeinsame ernährungsbezogene Maßnahmen zusammen mit dem Amt für Schule, dem Amt für Umweltschutz, dem Amt für Wirtschaftsförderung, dem Liegenschaftsamt, sowie extern mit dem Ernährungsrat, Betrieben der lokalen Ernährungswirtschaft, AgiL – Sächsische Regionalvermarktungsagentur, der Universität Leipzig und anderen Forschungseinrichtungen, sowie Einrichtungen aus Politik und Verwaltung auf Landesebene.

Werden Instrumente aus allen Bereichen von Planung, Wirtschaftsförderung, Kooperation, sowie Bildung und Information angewendet?
Hinsichtlich der Anwendung der 15 kommunalen Instrumente zur Stärkung der lokalen nachhaltigen Ernährungswirtschaft (Sipple et al. 2023b) ergibt sich ein sehr ausgewogenes Bild für die Stadtverwaltung Leipzig, mit zahlreichen Anwendungen in allen vier Bereichen (Tab. 1).

Welche Herausforderungen und Lösungen bestehen bei der Umsetzung des integrativen Ansatzes?
Bei der Integration von Instrumenten zur Förderung der lokalen nachhaltigen Ernährungswirtschaft ist die Kommunalverwaltung der Stadt Leipzig mit einer Anzahl von Hindernissen konfrontiert: Erstens sind die zur Verfügung gestellten personellen und insbesondere die finanziellen Mittel für die koordinierte Durchführung der Maßnahmen immer noch unzureichend, um systemische Wirkungen zu erzielen. Zweitens ist die Vernetzung innerhalb der wichtigen Verwaltungsbereiche noch zu schwach, um systemrelevante Synergien zu erzeugen. Und drittens gibt es regulatorische Hindernisse, wie die EU-Regulierungen zur Stärkung der Binnenmarktfunktion, welche die Entwicklung von bio-regionalen Ernährungswirtschaften erschweren (Sipple und Wiek 2023).

Bisher ist die Kommunalverwaltung der Stadt Leipzig diesen Hindernissen mit einer Reihe von Lösungsansätzen begegnet. Politische Priorisierung und Unterstützung wurde eingeworben, um die finanzielle Ausstattung von Koordinationsfunktionen und Maßnahmenpaketen zu erweitern. Das federführende Referat „Nachhaltige Entwicklung und Klimaschutz" hat durch eine Anzahl von Querschnittsaktivitäten die Verbindung zwischen relevanten Verwaltungsbereichen, sowie durch regelmäßige Betriebsbesichtigungen und andere Kontaktpflege die Vernetzung mit zentralen Akteur*innen der Ernährungswirtschaft gestärkt. Dabei geht es in erster Linie darum, ein „offenes Ohr" für alle internen und externen Anliegen zu haben und zugleich aber auch zu demonstrieren, dass die Stadtverwaltung die wichtigsten Initiativen zur nachhaltigen Entwicklung der lokalen Ernährungswirtschaft tatkräftig unterstützt. Dies geschieht überwiegend durch Service, Vernetzung und Wissenstransfer, aber auch finanziell durch Wirtschaftsförderung und spezielle Förderlinien (z. T. noch in der Erarbeitung). Ein erfolgsversprechendes Vorgehen der Kommunalverwaltung ist es, nicht zu versuchen, alle Instrumente federführend umzusetzen, sondern möglichst auch andere Akteur*innen dafür zu gewinnen (z. B. AgiL – Sächsische Regionalvermarktungsagentur und andere land- und ernährungswirtschaftliche Einrichtungen der Landesverwaltung) und als tatkräftige Partnerin zu fungieren. Dazu wiederum ist unabdingbar, in engem Kontakt mit allen wichtigen internen und externen

Tab. 1 Übersicht zur Anwendung kommunaler ernährungswirtschaftspolitischer Instrumente in Leutkirch

Typ	Instrument	Stadt Leipzig
Instrumente der Regulierung	Kommunale Planung	• Planungsrahmenrichtlinien im INSEK 2030 (ggw. novelliert) • Gesamtkonzeption zur Landwirtschaft im Stadtgebiet Leipzig
	Kommunale Verordnungen	• Diverse Stadtratsbeschlüsse zu Instrumenten
Ökonomische Instrumente	Öffentliche Beschaffung	• Erhöhung des Anteils von bio-regio Lebensmitteln in der Gemeinschaftsverpflegung • Pilotprojekt (Coaching) von Caterer für Schulen
	Unterstützung des Vertriebs	• Aktionsgericht WERTvoll in Gemeinschaftsverpflegung • Bio-Regio-Modellregion Leipzig-Westsachsen*
	Verpachtung kommunaler Liegenschaften	• Kriterien für Verpachtung kommunaler Liegenschaften (ab Herbst 2023)
	Finanzierung von Betrieben	• Förderprogramm für Unternehmen und gemeinnützige Organisationen zum Aufbau regionaler Wertschöpfungsketten (Entwicklung von Geschäftskonzepten)
	Betrieb von kommunalen Unternehmen	• Bioland-Musterbetrieb Wassergut Canitz (750 ha) (Tochtergesellschaft der Wasserwerke/Stadt Leipzig) • Konzept & Pilotprojekt Agro-Forst (WERTvoll) • Konzept & Pilotprojekt Kommunaler Caterer (WERTvoll)
Instrument der Kooperation	Mitarbeit in partizipativen Prozessen	• Zukunftswerkstatt • Ernährungsstrategie • Bio-Regio-Modellregion
	Regionalmarketing	• Biostadt Leipzig • AGIL – Sächsische Regionalvermarktungsagentur* • Bio-Regio-Modellregion (Kriterienkatalog)*
	Vernetzungsaktivitäten	• Wanderndes Netzwerk: branchenübergreifende und branchenspezifische (z. B. für Gartenbaubetriebe) Veranstaltungen • Bio-Regio-Modellregion (Personal)

(Fortsetzung)

Tab. 1 (Fortsetzung)

Typ	Instrument	Stadt Leipzig
Instrumente der Information	Studien zur Ernährungswirtschaft	• Masterarbeit zum Ernährungssystem Leipzigs (2019)* • Weitere Studien im Rahmen der Ernährungsstrategie (2023)*
	Anreize für Konsument*innen (Nudging)	• Pilotprojekt bio-regio Produkte in Kantinen (Schulen)
	Praktische Ernährungsbildung	• Aktionsgericht WERTvoll in Gemeinschaftsverpflegung • Klimabewusste Ernährungsbildung (Web) • Workshops vom Ernährungsrat*
	Ausbildungsangebote zur Nachhaltigkeit	• Förderung der Attraktivität von Berufen im Ernährungshandwerk (geplant) • Leipziger Gründerküche bei Egenberger Lebensmittel*
	Beratungsangebote für Betriebe	• Beratung für ökologischen Landbau* • AGIL – Sächsische Regionalvermarktungsagentur*

*Kein eigenes Angebot der Stadt Leipzig, aber enge Zusammenarbeit und/oder (Ko-)Finanzierung
Quellen: (Stadt Leipzig 2018, 2020, 2023a, b; Pomm 2023; Projekt WERTvoll 2023)

Akteur*innen zu sein, um zu wissen, wo diese Möglichkeiten bestehen und umgekehrt, wann und in welchen Bereichen sie selbst federführend aktiv werden muss.

Zusammenfassung – Was sind positive Entwicklungen und kritische Punkte bei der Umsetzung des integrativen Ansatzes?
Im Hinblick auf die Erfolgsfaktoren kann festgehalten werden, dass die Umsetzung des integrativen Ansatzes zur Förderung der lokalen nachhaltigen Ernährungswirtschaft in Leipzig einige Stärken aufweist, während auch eine Anzahl von Schwächen zu registrieren sind.

Als positive Entwicklung ist erstens hervorzuheben, dass die politische und institutionelle Verankerung des Themas als wichtige kommunale Aufgabe auf dem Weg ist. Die weiteren Entwicklungen in den kommenden Jahren werden zeigen, ob eine vollumfängliche Verankerung in den zentralen kommunalen Entwicklungskonzepten und Zielstellungen tatsächlich erfolgt. Zweitens sind gewisse personelle Mittel bereitgestellt und qualifiziertes Personal spezifisch für dieses Thema rekrutiert worden. Angesichts der zahlreichen notwendigen Vernetzungsaktivitäten ist dies sehr positiv zu bewerten. Und drittens ist es, trotz begrenzter personeller und finanzieller Ressourcen gelungen, relevante Anwendungen von Instrumenten in allen vier Bereichen umzusetzen. Dies gelang auch durch die Abwägung zwischen federführender Rolle der Kommunalverwaltung bei der Anwendung einiger Instrumente und gezielter Partnerschaften mit anderen federführenden Einrichtungen (z. B. mit AgiL – Sächsische Regionalvermarktungsagentur, Ernährungsrat, Projekt WERTvoll) in anderen Fällen. Und nicht zuletzt ist positiv zu vermerken, dass mit dem Projekt WERTvoll und der Verankerung der Bio-Regio-Modellregion (als Projekt) beim Ernährungsrat Leipzig – Stadt Leipzig und Wurzener Land sind Kooperationspartner – sichergestellt wird, dass bei der Erarbeitung der Ernährungsstrategie und der Transformation der Ernährungswirtschaft in Richtung Nachhaltigkeit die umliegende Region auf Augenhöhe eingebunden wird. Damit wird der weitverbreiteten Tendenz vorgebeugt, dass die „große Stadt" die „kleinen Umlandgemeinden" im Planungsprozess unberücksichtigt lässt und dann vor vollendete Tatsachen stellt.

Demgegenüber sind auch einige Bereiche zu nennen, in denen es Verbesserungspotenzial gibt, um die ambitionierten Zielstellungen der nachhaltigen Entwicklung zu erreichen. Da die politische und institutionelle Verankerung noch nicht umfassend vollzogen ist, fallen die personellen und finanziellen Mittel, obgleich in gewissem Umfang vorhanden, bisher unverhältnismäßig gering aus in Anbetracht der zahlreichen Aufgaben und des beträchtlichen Investitionsbedarfs für Nachhaltigkeitsinnovationen in regionalen Wertschöpfungsketten bzw. in Produktion, Verarbeitung, Logistik, Vertrieb und Recycling von nachhaltigen Lebensmitteln (Coelho et al. 2018; Hanke et al. 2022). Für transformative Veränderungen in Richtung Nachhaltigkeit werden deutlich mehr finanzielle Mittel, insbesondere aus der Wirtschaftsförderung benötigt (Antoni-Komar et al. 2019), wobei genaue Abschätzungen fehlen. Ähnlich wie bei den Programmen der Ernährungsräte erlauben die zugesprochenen Mittel zwar eine ganze Anzahl von Aktivitäten zu initiieren und umzusetzen, aber grundlegende strukturelle (auch infrastrukturelle) Veränderungen können damit nicht bewältigt werden (Michel et al. 2022). Zudem besteht ein Mangel an Monitoring- und Studienkapazitäten (Wunder 2019). Andere Städte, wenn auch im Ausland, haben bereits gezeigt, wie relevante Datensätze zur lokalen Ernährungswirtschaft gesammelt, analysiert und genutzt werden können (City of Austin 2022). Hier ist die Kommunalverwaltung der Stadt Leipzig zwar in Kontakt mit der Universität Leipzig und anderen Hochschulen, aber koordinierte Monitoring- und Studienkapazitäten konnten bisher nicht entwickelt werden. So bleiben auch relevante Studienergebnisse (z. B. Stauffenberg 2019; Fontanot 2020; Carlo 2021; Rüschhoff et al. 2022) ungenutzt. Es muss daher festgestellt werden, dass die Bemühungen der

Stadtverwaltung zwar integrativ und breit angelegt sind, jedoch noch unklar ist, wie weit die Transformation fortgeschritten ist, d.h. welche Ergebnisse bisher tatsächlich erzielt wurden und welche in Zukunft aufgrund der ergriffenen Maßnahmen zu erwarten sind. Evaluationen stehen aus bzw. sind bisher nicht ausreichend durchgeführt und geplant worden. Schließlich muss auch darauf hingewiesen werden, dass die beschriebenen Anwendungen der verschiedenen Instrumente zwar alle für den kommunalen Ernährungsbereich relevant sind, aber sich nicht in allen Fällen gezielt auf den (nachhaltigen) Umbau der Ernährungswirtschaft beziehen. Wie oben bereits angedeutet, bedarf es hier eines noch umfassenderen Einbezugs relevanter Verwaltungsbereiche, insbesondere der kommunalen Wirtschaftsförderung.

4   Integrativer Ansatz zur Förderung der lokalen nachhaltigen Ernährungswirtschaft in der Stadt Leutkirch

Ist der integrative Ansatz in politischen Rahmenbedingungen (Strategien, Ziele) verankert?

Zusammen mit der Nachbarstadt Isny gehörte Leutkirch im Allgäu seit 1995 zur ersten Modellregion des Landesprojektes „PLENUM" (Projekt des Landes zur Erhaltung und Entwicklung von Natur und Landschaft). In dessen Rahmen wurde und wird u. a. die naturverträgliche Landwirtschaft und die Direktvermarktung regionaler Lebensmittel unterstützt (Götz 1998). Im Jahr 2013 erstellte die Stadt Leutkirch ein Klimaschutzkonzept, in welchem neben den spezifischen Zielen der Energiewende auch übergeordnete Ziele formuliert wurden, wie z. B. „den Klimaschutz im eigenen Verantwortungsbereich weiter vorantreiben", „den gesellschaftlichen und wirtschaftlichen Akteuren innerhalb der Gemeinde Impulse für den Klimaschutz geben", sowie „klimarelevante Sektoren mittels ganzheitlicher planerischer Ansätze bewerten" (Stadt Leutkirch 2013, S. 2). Dies eröffnete Möglichkeiten, über den kommunalen Klimaschutz auch die lokale nachhaltige Ernährungswirtschaft zu fördern. Im Jahr 2019 wurde ein Katalog von 9 Zielen und 27 Maßnahmen zur Aktivierung des kommunalen Ernährungssystems in Leutkirch von den Fraktionen des Leutkircher Gemeinderats einstimmig beschlossen (Stadt Leutkirch 2017c). Ein Schwerpunkt liegt auf der Bewusstseinsbildung der Bürgerschaft für nachhaltige Einkaufs- und Essgewohnheiten, was eine Förderung der lokalen nachhaltigen Ernährungswirtschaft darstellt (Schanz et al. 2020). Dieser Katalog wurde von der Stadt Leutkirch 2016–2019 im Rahmen des BMBF-geförderten Forschungsprojekt KERNiG (Kommunale

Ernährungssysteme als Schlüssel zu einer umfassend integrativen Nachhaltig-keitsgovernance) mit Unterstützung der Universität Freiburg und weiterer Pro-jektpartner*innen erarbeitet (Stadt Leutkirch 2017a, b; Schanz et al. 2020).

Sind finanzielle und personelle Mittel zur Umsetzung des integrativen Ansatzes bereitgestellt?
Während der Projektlaufzeit von KERNiG (2016–2022) wurde im Zuständigkeits-bereich des Umweltbeauftragten (Michael Krumböck), d. h. im Fachbereich „Stadt-planung, Natur, Umwelt", eine Projektstelle eingerichtet, die für die Erarbeitung und Umsetzung der Ziele und Maßnahmen zur nachhaltigen Entwicklung des Er-nährungssystems in Leutkirch zuständig war. Dazu gehörte auch die Zusammenar-beit mit anderen Fachbereichen der Stadtverwaltung wie „Tagesbetreuung, Schu-len, Kindergärten, Sport" und „Tourismus, Freibad, Kultur, Hallenmanagement", sowie mit Betrieben der lokalen Ernährungswirtschaft und mit der lokalen Zivilge-sellschaft. Darüber hinaus wurde der Oberbürgermeister und der Gemeinderat bei die Erarbeitung und Umsetzung von Maßnahmen zur nachhaltigen Entwicklung des kommunalen Ernährungssystems unterstützt (Schanz et al. 2020; Sipple 2022). Die Projektstelle ist im Jahr 2022 ausgelaufen und wurde nicht verstetigt. Die Um-setzung der beschlossenen Maßnahmen und die Erreichung der anvisierten Ziele fällt nach wie vor in den Zuständigkeitsbereich des Umweltbeauftragten.

Werden Instrumente aus allen Bereichen von Planung, Wirtschaftsförderung, Ko-operation, sowie Bildung und Information angewendet?
Hinsichtlich der Anwendung der 15 kommunalen Instrumente zur Stärkung der lokalen nachhaltigen Ernährungswirtschaft (Sipple und Wiek 2023) ergibt sich ein ausgewogenes Bild für die Stadtverwaltung Leutkirch, mit Anwendungen in allen vier Bereichen (Tab. 2). Das umfassende Engagement Leutkirchs wird auch durch eine Reihe von Auszeichnungen bestätigt. So wurde von Landesseite der Einsatz Leutkirchs im Ernährungsbereich als mitentscheidend für die Schaffung der „Bio-Musterregion Ravensburg" eingestuft (Konzett 2018). Im Jahr 2019 wurde die Stadt erneut mit dem „European Energy Award" in Gold ausgezeich-net, wobei als Begründung neben dem Engagement im Bereich erneuerbare Ener-gie und Energieeffizienz erstmals ebenfalls die Aktivitäten der Kommune im Er-nährungsbereich genannt wurden (Müller und Schumacher 2019). Eine erneute Auszeichnung erfolgte im Jahr 2023 (Panzram 2023). Zudem wurde die Projekt-tidee „Eat Me Up!" 2019 beim Wettbewerb „Land schreibt Zukunft" des Rates für Nachhaltige Entwicklung der Bundesregierung ausgezeichnet. Das Projekt bietet über eine Virtual Reality-Plattform authentische Einblicke in den Alltag der Betriebe der lokalen Ernährungswirtschaft sowie lokaler bürgerschaftlicher Initia-tiven mit Ernährungsrelevanz (Stadt Leutkirch 2020; Sipple 2022).

Tab. 2 Übersicht zur Anwendung kommunaler ernährungswirtschaftspolitischer Instrumente in Leutkirch

Typ	Instrument	Stadt Leutkirch
Instrumente der Regulierung	Kommunale Planung	• Integration von Ernährung in Leitbild Energie und Klimaschutz 2022 • Integration essbarer Pflanzen in den öffentlichen Raum im Rahmen von „Leutkirch wird essbare Stadt"
	Kommunale Verordnungen	• Richtlinie für nachhaltiges Lebensmittelangebot auf Veranstaltungen • Reduzierung der Standgebühren auf dem Bauernmarkt • Runder Tisch zur Attraktivierung des Wochenmarkts
Ökonomische Instrumente	Öffentliche Beschaffung	• Erhöhung des Anteils von bio-regio Lebensmitteln in der Gemeinschaftsverpflegung • Neuausschreibung der Schulverpflegung nach bio-regio Kriterien
	Unterstützung des Vertriebs	• Online-Plattform „Eat Me Up!" • Pressereihe „KERNiG kocht" • Gastro-Aktion „Leutkirch isst regional"
	Verpachtung kommunaler Liegenschaften	• Kriterien für Verpachtung kommunaler Liegenschaften • Erste Neuverpachtung an Bio-Betriebe
	Finanzierung von Betrieben	*Keine*
	Betrieb von kommunalen Unternehmen	• Politische Unterstützung für die Konzeption des Geschäftsmodells der „Kommunalen Ernährungsmeisterei"
Instrument der Kooperation	Mitarbeit in partizipativen Prozessen	• Bürger*innen- und Expert*innen-Beteiligung durch KERNiG • Unterstützung der Bürgerinitiative KERNiG • Unterstützung des Leutkircher Mitmachgartens • Aktion „Pflück so viel du kannst" zur Förderung essbarer Pflanzen auf öffentlichen und privaten Flächen
	Regionalmarketing	• Unterstützung der Veranstaltung „Allgäuer Genusstour" • Treiber und Mitglied der Bio-Musterregion Ravensburg • Erfolgreiche Zertifizierung als „Fairtrade Stadt"
	Vernetzungsaktivitäten	*Keine*

(Fortsetzung)

Tab. 2 (Fortsetzung)

Typ	Instrument	Stadt Leutkirch
Instrumente der Information	Studien zur Ernährungswirtschaft	• Bestandsaufnahme regionaler Lebensmittelversorgung • Analyse der Umweltauswirkungen regionaler Landwirtschaft
	Anreize für Konsument*innen (Nudging)	• Leitfaden „Einsatzmöglichkeiten von verhaltensbasierten Maßnahmen („Nudges") zur Förderung nachhaltigen Verhaltens im kommunalen Kontext"
	Praktische Ernährungsbildung	• Programm „Leutkirch – Nachhaltigkeit hautnah" • Aktionsregal in der Leutkircher Stadtbibliothek • Stadtführung „Komm mit: Leutkirch isst grün" • Unterstützung der Kindergarten beim BE-KI-Zertifikat • Unterstützung des Schulapfelprogramms
	Ausbildungsangebote zur Nachhaltigkeit	*Keine*
	Beratungsangebote für Betriebe	*Keine*

Quellen: (Eckhardt und Schrode 2018; Stadt Leutkirch 2021, 2022; Sipple 2022; Schanz et al. 2020)

Welche Herausforderungen und Lösungen bestehen bei der Umsetzung des integrativen Ansatzes?
Leutkirch hat bei der Umsetzung des integrativen Ansatzes mit verschiedenen Herausforderungen zu kämpfen. Die begrenzten personellen und finanziellen Ressourcen bei hoher Arbeitsbelastung, Themenvielfalt und Fachkräftemangel stellen die Verwaltung vor Probleme. Die angesprochene Projektstelle war zunächst auf drei, später auf zusätzliche zwei Jahre befristet. Dies führte dazu, dass die Stelle über die Projektlaufzeit (2016–2022) mit insgesamt drei Personen besetzt war, was die Kontinuität der Maßnahmenumsetzung beeinträchtigte. Gleichzeitig zeigte sich, dass projektbezogene Personalressourcen allein weder zu einer Umsetzung der geplanten Maßnahmen noch zu einer stabilen Stärkung der lokalen nachhaltigen Ernährungswirtschaft durch die Verwaltung führen.

Als Reaktion auf diese Herausforderungen unterstützte die Stadt Leutkirch die Konzeption eines Geschäftsmodells, welches die kommunalen Projekte und

Maßnahmen zur nachhaltigen Entwicklung der lokalen Ernährungswirtschaft verstetigen sollte. Dabei handelt es sich um die Gründung eines kommunalen Unternehmens in Form einer „Kommunalen Ernährungsmeisterei" mit den Geschäftsfeldern Gemeinschaftsverpflegung, Ernährungsbildung und Fachkräfteförderung (Sipple et al. 2023a). Die Idee und Ausrichtung der kommunalen Ernährungsmeisterei basiert auf den im Rahmen einer Modellierung kommunaler Ernährungssysteme identifizierten Hebelpunkten (Sipple und Schanz 2023).

Zusammenfassung – Was sind positive Entwicklungen und kritischen Punkte bei der Umsetzung des integrativen Ansatzes?
Die Stadt Leutkirch hat über die vergangenen 10 Jahre verschiedene Schritte zur Umsetzung eines integrativen Ansatzes zur nachhaltigen Entwicklung der lokalen Ernährungswirtschaft unternommen. Die partizipativ erarbeiteten Ziele und Maßnahmen sind umfassend und zeigen, dass Verwaltung, Wirtschaft und Zivilgesellschaft in Leutkirch ernährungsbezogene Handlungsfelder ernst nehmen. Gleichzeitig fällt jedoch auf, dass die Ziele und Maßnahmen nicht sektorübergreifend formuliert sind, sondern nur einzelne Bereiche des Ernährungssystems und damit auch der Verwaltung adressieren. Dies zeigt sich insbesondere auf der Ebene des Verwaltungshandelns, wo die angesprochene Projektstelle ein verbindendes Element zwischen den Fachbereichen der Verwaltung sowie zwischen Verwaltung, Wirtschaft und Zivilgesellschaft darstellte, das nach Projektende nicht mehr gegeben ist (Baldy 2019; Baldy et al. 2021).

Zur Umsetzung der Maßnahmen wurde in Leutkirch, neben der Finanzierung einer Koordinationsstelle aus Projektmitteln im Stadtbauamt, insbesondere auf politische Unterstützung seitens Verwaltungsspitze und Gemeinderat sowie ehrenamtliches Engagement durch die Zivilgesellschaft gesetzt (u. a. durch eine Bürgerinitiative). So wurde die nachhaltige Transformation des kommunalen Ernährungssystems zwar thematisiert, diskutiert und bearbeitet, jedoch fehlten hier verwaltungsübergreifend die notwendigen personellen und finanziellen Ressourcen, um sowohl die beschlossenen Maßnahmen langfristig umzusetzen als auch relevante Studienergebnisse umfassend zu integrieren (z. B. Moschitz und Frick 2018; Meier et al. 2019; Sipple und Schanz 2019, 2021; Baldy 2019; Baldy und Kruse 2019; Hennchen und Pregernig 2020; Kruse 2021; Schanz et al. 2020). So zeigen sich in Leutkirch zwar gerade in politischen, kulturellen und sozialen Bereichen die ersten Veränderungen und Erfolge, doch für die Entfaltung und den Nachweis positiver ökonomischer und ökologischer Wirkungen reichen die bereitgestellten Mittel und ergriffenen Maßnahmen noch nicht aus (Schanz et al. 2020).

5   Schlussfolgerungen

Aus den bisherigen Erfahrungen mit den integrativen Ansätzen zur Förderung der lokalen nachhaltigen Ernährungswirtschaft in Leipzig und in Leutkirch im Allgäu können eine Reihe von Schlüssen gezogen werden, welche für andere Städte und Gemeinden hilfreich sein sollten. Dabei gibt es neben vielen Gemeinsamkeiten auch einige Unterschiede, die bei Transfer und Multiplikation der Erfahrungen berücksichtigt werden müssen:

Integrative Ansätze zur nachhaltigen Entwicklung der Ernährungswirtschaft können durch öffentlichkeitswirksame Kooperationen und durch Anbindung an aktuelle Themen politisch und institutionell in der Kommunalverwaltung verankert werden; dabei sollte auf die sektorenübergreifende Ausrichtung und die Einrichtung querschnittsorientierter Verwaltungsstrukturen geachtet werden.

Beide Städte haben erreicht, dass die nachhaltige Entwicklung der lokalen Ernährungswirtschaft als Zielstellung und Handlungsfeld in der Kommunalverwaltung verankert worden ist. Dabei wurden in beiden Fällen sich bietende Gelegenheiten öffentlichkeitswirksamer Kooperationen genutzt. In Leipzig hat das Ausrufen des Klimanotstands in 2019 über die Folgejahre zur Erarbeitung des „Energie- und Klimaschutzprogramms (EKSP) 2030" geführt, welches konkrete ernährungs-(wirtschafts)politische Ziele und Maßnahmen erhält. Die Erarbeitung wurde auch durch Kooperationen im Rahmen des BMBF-geförderten Projektes WERTvoll unterstützt. In Leutkirch wurde die Kooperation mit der Universität Freiburg im Rahmen des BMBF-geförderten KERNiG-Projektes genutzt, um Ziele und Maßnahmen zu erarbeiten und anschließend zu verabschieden. Breite Kooperation und Partizipation sind in beiden Fällen als wichtige Erfolgsfaktoren hervorzuheben. Diese strategischen Prozesse verdeutlichen zudem, dass aktuelle Themen der Kommunalpolitik, wie z. B. Klimaschutz oder Stadtentwicklung, als Vehikel dienen können, um ernährungs(wirtschafts)politische Ziele und Maßnahmen ins öffentliche Bewusstsein zu heben. Allerdings steht in beiden Städten die vollumfängliche Verankerung in den zentralen kommunalen Entwicklungskonzepten, mit spezifischen Zielen, Maßnahmen und Mitteln, noch aus. Hier ist vor allem auf sektorübergreifende Verankerung zu achten, um die Ernährungswirtschaft tatsächlich integrativ, und nicht nur additiv, in den jeweiligen Verwaltungsbereichen fördern zu können. Leipzig hat eine entsprechende querschnittsorientierte Einheit geschaffen (Referat „Nachhaltige Entwicklung und Klimaschutz"), während in Leutkirch dem Umweltschutzbeauftragten diese Aufgabe zufällt. Wenn man die unterschiedlichen Größen der beiden Stadtverwaltungen berücksichtigt, scheint das angemessen. Die Funktion und Aufgaben der ausgelaufenen Koordinationsstelle (im Rahmen des KERNiG-Projektes) können jedoch aufgrund der bereits bestehenden vielfältigen Verantwortlichkeiten in anderen Bereichen nur in geringem Maße durch den Umweltschutzbeauftragten übernommen werden.

Die Umsetzung integrativer Ansätze zur nachhaltigen Entwicklung der Ernährungswirtschaft bedürfen ausreichender personeller und finanzieller Mittel; diese können durch externe Projektfinanzierungen initiiert, sollten dann aber im kommunalen Haushalt verstetigt werden; dabei sollten haushaltswirksame Synergien durch die Anwendung verschiedener Instrumente herausgestellt werden.

Die Erfahrungen in beiden Städten zeigen auf, wie gewisse finanzielle und personelle Mittel bereitgestellt und qualifiziertes Personal spezifisch für dieses Thema rekrutiert werden konnten. Dies ist unabdingbar, um Fortschritte bei der Zielerreichung zu machen, und in gewisser Hinsicht auch selbstverständlich im Rahmen kommunalpolitischer Prozesse. Bemerkenswert ist, dass beide Städte zuerst externe Projektfinanzierungen (WERTvoll-Projekt und KERNiG-Projekt) genutzt haben, um kommunale Instrumente einzuführen, zu testen und zu etablieren. Auf dieser Grundlage wurden und werden Bemühungen unternommen, die Förderung der lokalen nachhaltigen Ernährungswirtschaft über den regulären Kommunalhaushalt zu sichern. Dies ist bisher jedoch nur zum Teil geglückt. In beiden Städten stehen insgesamt unverhältnismäßig geringe Mittel zur Verfügung in Anbetracht der zahlreichen Aufgaben und des beträchtlichen Investitionsbedarfs für Nachhaltigkeitsinnovationen in regionalen Lebensmittel-Wertschöpfungsketten. Die Herausforderungen betreffen zum einen die Verstetigung von Projektstellen (Leutkirch) und zum anderen die finanzielle Ausstattung von kostenintensiven Instrumentenanwendungen (z. B. die Finanzierung von Betrieben oder der Betrieb von kommunalen Unternehmen). Auf beide Punkte muss besonderes Augenmerk gelegt werden, um die breite Anwendung des Instrumente-Katalogs zu gewährleisten (Sibbing et al. 2021). Dabei sollte auch verstärkt auf Synergien hingewiesen werden, welche durch das koordinierte Zusammenspiel von Instrumenten (z. B. kommunale Planung, Finanzierung von Betrieben, Ausbildungs- und Beratungsangebote zum nachhaltigen Wirtschaften) erzeugt werden können. Zudem sollten Kommunalverwaltungen die Fülle an Instrumenten noch gezielter einsetzen, um durch den nachhaltigen Umbau der Ernährungswirtschaft gleichzeitig Daseinsvorsorge und Wirtschaftsförderung zu betreiben (Schanz und Sipple 2023; Sipple und Schanz 2023). Dies sollte in kommunalen Haushaltsdebatten positiv genutzt werden können.

Begrenzte personelle und finanzielle Mittel für die Umsetzung integrativer Ansätze zur nachhaltigen Entwicklung der Ernährungswirtschaft können durch strategische Schwerpunktsetzungen, Beteiligungen und 'Pooling' gestreckt werden.

Trotz der oben beschriebenen Herausforderungen können andere Städte und Gemeinden aus den Erfahrungen Leipzigs und Leutkirchs lernen, wie sich, trotz begrenzter personeller und finanzieller Mittel, relevante Anwendungen von Instrumenten in allen vier Bereichen umsetzen lassen. In beiden Städten haben extern finanzierte Kooperationsprojekte wesentlich zur Anwendung kommunaler Instrumente und deren Integration beigetragen, insbesondere durch eigens dafür geschaffene Stellen. Begrenzte Mittel erfordern Schwerpunktsetzungen. Die bestehenden Lücken bei den Instrumentenanwendungen in den vier Bereichen widerspiegeln generelle Ressourcenknappheit in Leutkirch. Aber umgekehrt zeugen die geschlossenen Lücken in Leipzig von der deutlichen Ausrichtung auf die gezielte Förderung von nachhaltigen Lebensmittelbetrieben. Ressourcenknappheit kann ferner mit strategischen Beteiligungen begegnet werden. Beispiele aus Leipzig zeigen auf, wie die Abwägung zwischen federführender Rolle der Kommunalverwaltung bei der Anwendung einiger Instrumente und gezielter Partnerschaften mit anderen federführenden Einrichtungen hier zu kostengünstigen Lösungen führen kann. Und schließlich veranschaulicht der Einbezug der Umlandgemeinden in die nachhaltige Entwicklung der Ernährungswirtschaft in der Metropolregion Leipzig, wie das 'Pooling' von knappen Ressourcen auf regionaler Ebene aussehen kann.

Anwendungsorientierte Forschung kann die Umsetzung integrativer Ansätze zur nachhaltigen Entwicklung der Ernährungswirtschaft durch evidenzbasierte Planung, z. B. basierend auf Modellierungen, sowie durch begleitende Evaluationen und Anpassungsempfehlungen unterstützen.

Der gegenwärtige Stand der Umsetzungen integrativer Ansätze zeugt von den großen Herausforderungen, welche der nachhaltigen Entwicklung kommunaler Ernährungssysteme entgegenstehen. Neben begrenzten Mitteln stechen Wissensdefizite ins Auge. Hier kann die Wissenschaft einen wichtigen Beitrag leisten. In Leipzig und in Leutkirch hat die Forschung durch evidenzbasierte Planungen, wie z. B. beim modellierungsgestützten Konzept der kommunalen Ernährungsmeisterei für Leutkirch (Sipple et al. 2023a), die Umsetzung der integrativen Ansätze unterstützt. Diese Unterstützungsfunktion ist allerdings noch stark ausbaufähig. Kommunalverwaltungen sollten insbesondere evidenzorientierte Planungs- und Monitoring-Kapazitäten entwickeln. Diese helfen z. B. bei der modellierungsgestützten Koordination von Instrumentenanwendungen oder der Beobachtung und Evaluation, welche realen Ergebnisse bisher erzielt worden und welche aufgrund der ergriffenen Maßnahmen in Zukunft zu erwarten sind. So kann eine weitere wertvolle Ressource genutzt werden, um die nachhaltige Entwicklung der Ernährungswirtschaft zu beschleunigen.

Literatur

Antoni-Komar, Irene, Cordula Kropp, Niko Paech, und Reinhard Pfriem (Hrsg.). 2019. *Transformative Unternehmen und die Wende in der Ernährungswirtschaft.* Marburg: Metropolis-Verlag.

Baldy, Jana. 2019. Framing a Sustainable Local Food System—How Smaller Cities in Southern Germany Are Facing a New Policy Issue. *Sustainability* 11 (6): 1712. https://doi.org/10.3390/su11061712.

Baldy, Jana, und Sylvia Kruse. 2019. Food Democracy from the Top Down? State-Driven Participation Processes for Local Food System Transformations towards Sustainability. *Politics and Governance* 7 (4): 68–80. https://doi.org/10.17645/pag.v7i4.2089.

Baldy, Jana, Basil Bornemann, Daniela Kleinschmit, und Sylvia Kruse. 2021. Policy integration from a practice-theoretical perspective: integrated food policy in the making in two German cities. *Journal of Environmental Policy & Planning* 1–14. https://doi.org/10.1080/1523908X.2021.2015305.

Candel, Jeroen J.L., und Laura Pereira. 2017. Towards integrated food policy: Main challenges and steps ahead. Environmental Science & Policy 73:89–92. https://doi.org/10.1016/j.envsci.2017.04.010.

Carlo, Lotta Allegra de. 2021. *Sense and nonsense of localized food systems.* Uppsala: SLU, Department of Molecular Sciences.

City of Austin. 2022. State of the Food System Report 2022. Abgerufen am 25. Mai 2023. https://www.austintexas.gov/sites/default/files/files/Sustainability/Food/2022%20State%20of%20the%20Food%20System%20Report/SotFS%202022%20-%20FINAL%20(Smaller).pdf.

Coelho, Fábio Cunha, Enilce Maria Coelho, und Monika Egerer. 2018. Local food: benefits and failings due to modern agriculture. *Scientia Agricola* 75 (1): 84–94. https://doi.org/10.1590/1678-992x-2015-0439.

Doernberg, Alexandra, Paula Horn, Ingo Zasada, und Annette Piorr. 2019. Urban food policies in German city regions: An overview of key players and policy instruments. *Food Policy* 89:101782. https://doi.org/10.1016/j.foodpol.2019.101782.

Eberle, Ulrike, Doris Hayn, Regine Rehaag, und Ulla Simshäuser. 2006. *Ernährungswende: Eine Herausforderung für Politik, Unternehmen und Gesellschaft.* München: Oekom Verlag.

Eckhardt, Timo, und Alexander Schrode. 2018. Nachhaltige Lebensmittel auf Veranstaltungen: Ein Praxisleitfaden für Leutkircher Veranstalter. Abgerufen am 25. Mai 2023. https://www.nahhaft.de/fileadmin/NAHhaft_Website/2_Projekte/Kernig/Leitfaden-Leutkirch.pdf.

FAO (Food and Agriculture Organization of the United Nations). 2018. The Role of Cities in the transformation of food systems: Sharing Lessons from Milan Pact cities. Accessed 25.05.23. https://www.fao.org/3/ca0912en/CA0912EN.pdf.

Fontanot, Louis. 2020. Growing food in vacant spaces: the challenge of including urban agriculture initiatives in urban planning. A comparative case-study analysis of Athens, Barcelona, Brussels, Detroit and Leipzig. *IIIEE Master Thesis*.

Forrest, Nigel, Arnim Wiek, und Lauren Withycombe Keeler. 2023. Accelerating the transformation to a sustainable food economy by strengthening the sustainable entrepreneurial ecosystem. *Frontiers in Sustainable Food Systems* 6:678. https://doi.org/10.3389/fsufs.2022.970265.

Galda, Anna. 2017. Ernährungssystemplanung in Deutschland. Technische Universität Berlin. https://doi.org/10.14279/depositonce-5731.

Götz, Uwe. 1998. Kommunales Umweltmanagement im Rahmen des PLENUM-Projektes in Isny und Leutkirch. In *Kommunales EG-Öko-Audit: Möglichkeiten und Grenzen der Umsetzung*, Hrsg. Herbert Pfaff-Schley, 165–172. Berlin, Heidelberg: Springer Berlin Heidelberg.

Hanke, Gerolf, Friedhelm von Mehring, und Stephanie Wunder. 2022. Politische Strategien für eine nachhaltigkeitsförderliche Regionalisierung von Ernährungssystemen. Diskussionspapier für den gleichnamigen Workshop: Diskussionspapier für den gleichnamigen Workshop am 4. Juli 2022. Abgerufen am 25. Mai 2023. https://www.stern-projekt.org/sites/default/files/2022-09/50029-STErn-Diskussionspapier-Politische-Massnahmen.pdf.

Hennchen, Benjamin, und Michael Pregernig. 2020. Organizing Joint Practices in Urban Food Initiatives—A Comparative Analysis of Gardening, Cooking and Eating Together. *Sustainability* 12 (11): 4457. https://doi.org/10.3390/su12114457.

Konzett, Corinna. 2018. Leutkirch ist Teil der Bio-Musterregion: Landkreis Ravensburg will Regionalmanager einstellen und Bio-Produkte besser vermarkten. *Schwäbische Zeitung, Lokalteil Leutkirch*, 7. Februar.

Kruse, Sylvia. 2021. Akteure und ihre Beiträge zur großen Transformation in ausgewählten Handlungsfeldern : Transformation kommunaler Ernährungssysteme durch staatliche und nicht-staatliche Akteure. In *Nachhaltige Raumentwicklung für die große Transformation: Herausforderungen, Barrieren und Perspektiven für Raumwissenschaften und Raumplanung = Sustainable spatial development for the great transformation*, Hrsg. Sabine Hofmeister, Barbara Warner und Zora Ott, 163–171. Hannover: ARL – Akademie für Raumentwicklung in der Leibniz-Gemeinschaft.

Meier, Matthias, Theresa Markut, Stefan Schweiger, und Stefan Hörtnehuber. 2019. KERNiG. AP 1.1 Umweltwirkung regionale Landwirtschaft: Schlussbericht. Frick/CH. Abgerufen am 25. Mai 2023. https://www.envgov.uni-freiburg.de/de/prof-envgov/forschung/kernig-projekt/bilderkernig/ergebnisse-1/kernig-bericht-ap-1-1-okobilanzierung-schlussberic.pdf.

Michel, Sophie, Arnim Wiek, Lena Bloemertz, Basil Bornemann und Laurence Granchamp, et al. 2022. Opportunities and challenges of food policy councils in pursuit of food system sustainability and food democracy–a comparative case study from the Upper-Rhine region. *Frontiers in Sustainable Food Systems* 6. https://doi.org/10.3389/fsufs.2022.916178.

Moschitz, Heidrun, und Rebekka Frick. 2018. *KERNiG – AP1.1 Bestandsaufnahme der kommunalen Ernährungssysteme – Landwirtschaftliches Produktionspotenzial und Lebensmittelflüsse.*

Müller, Patrick, und Tobias Schumacher. 2019. European Energy Award in Gold für Leutkirch und Isny. *Schwäbische Zeitung, Lokalteil Leutkirch,* 18. Februar.

Panzram, Michael. 2023. European Energy Award in Gold für Leutkirch und Isny: Auszeichnung für Leutkirch und Isny: Die zwei Allgäustädte haben den European Energy Award bekommen. Schwäbische Zeitung, Lokalteil Leutkirch, 17. Mai.

Pohle, Perdita, Maximilian Brönner, Andrés Gerique, Julia Kieslinger, und Lauritz Lederer. 2021. Rechtliche und politische Rahmenbedingungen als Grundlage für sozial-ökologische Transformationen. Die Themenfelder Nachhaltigkeit, ländliche Räume, Klima- und Gewässerschutz, Biodiversität, Wald, Landwirtschaft und Energie. *Mitteilungen der Fränkischen Geographischen Gesellschaft* (67): 117–175.

Pomm, Sebastian. 2023. *Integration von Instrumenten in das Verwaltungshandeln am Beispiel der Stadt Leipzig: Keynote-Präsentation am Workshop „Kommunen gestalten Ernährung – Instrumente zur Stärkung der lokalen nachhaltigen Ernährungswirtschaft".,* 11 Juli 2023.

Projekt WERTvoll. 2023. Unser Ziel: Eine WERTvolle Region, in der Wertschöpfung und Umwelt im Einklang sind. Abgerufen am 25. Mai 2023 https://wertvoll.stoffstrom.org.

Radtke, Jörg. 2021. *Die Nachhaltigkeitstransformation in Deutschland: Ein Überblick zentraler Handlungsfelder:* VS Verlag für Sozialwissenschaften.

Rüschhoff, Judith, Carl Hubatsch, Jörg Priess, Thomas Scholten, und Lukas Egli. 2022. Potentials and perspectives of food self-sufficiency in urban areas—a case study from Leipzig. *Renewable Agriculture and Food Systems* 37 (3): 227–236. https://doi.org/10.1017/S174217052100048X.

Schanz, Heiner, Michael Pregernig, Jana Baldy, David Sipple, und Sylvia Kruse. 2020. Kommunen gestalten Ernährung: neue Handlungsfelder nachhaltiger Stadtentwicklung. DStGB Dokumentation, 2020, Nr. 153. Deutscher Städte- und Gemeindebund, Berlin. https://doi.org/10.6094/UNIFR/154838.

Schanz, Heiner, und David Sipple. 2023. Ernährung als Aufgabe der kommunalen Daseinsvorsorge? In *Nachhaltige Gestaltung von lokalen Ernährungssystemen durch Kommunalpolitik und -verwaltung,* Hrsg. David Sipple, Arnim Wiek und Heiner Schanz: Springer.

Schrode, Alexander, Lucia Maria Mueller, Antje Wilke, Lukas Paul Fesenfeld und Johanna Ernst, et al. 2019. *Transformation des Ernährungssystems: Grundlagen und Perspektiven:* Umweltbundesamt.

Sibbing, Lara, Jeroen Candel, und Katrien Termeer. 2021. A comparative assessment of local municipal food policy integration in the Netherlands. *International Planning Studies* 26 (1): 56–69. https://doi.org/10.1080/13563475.2019.1674642.

Sipple, David. 2022. Ernährung als kommunales Thema: Leutkirch im Allgäu geht bei der Ausschreibung der Schulverpflegung neue Wege. *Publicus – Der Online-Spiegel für das öffentliche Recht.*

Sipple, David, und Heiner Schanz. 2019. Nachhaltige Stadtentwicklung über kommunale Ernährungssysteme: Marktakteursnetzwerke als Ansatzpunkte zur Gestaltung und Steuerung. *Zeitschrift für Wirtschaftsgeographie* 63 (1): 1–22. https://doi.org/10.1515/zfw-2018-0024.

Sipple, David, und Heiner Schanz. 2021. Hebelpunkte lokaler Ökonomien: Der Betriebe-rückgang im lokalen Lebensmittelhandwerk aus systemischer Perspektive. *Raumforschung und Raumordnung | Spatial Research and Planning* 79 (1): 58–72. https://doi.org/10.14512/rur.33.

Sipple, David, und Heiner Schanz. 2023. Hebelpunkte der Kommunalpolitik und -verwaltung zur nachhaltigen Gestaltung lokaler Ernährungssysteme. In *Nachhaltige Gestaltung von lokalen Ernährungssystemen durch Kommunalpolitik und -verwaltung*, Hrsg. David Sipple, Arnim Wiek und Heiner Schanz: Springer.

Sipple, David, Heiner Schanz, und Martin Ritter. 2023a. Kommunale Unternehmen der Ernährungswirtschaft: Konzeptionelle Grundlagen am Beispiel des Geschäftsmodells der Kommunalen Ernährungsmeisterei. In *Nachhaltige Gestaltung von lokalen Ernährungssystemen durch Kommunalpolitik und -verwaltung*, Hrsg. David Sipple, Arnim Wiek und Heiner Schanz: Springer.

Sipple, David, und Arnim Wiek. 2023. Kommunale Instrumente für die nachhaltige Ernährungswirtschaft. Freiburg i. Br.: Institut für Umweltsozialwissenschaften und Geographie, Universität Freiburg. https://doi.org/10.6094/UNIFR/235345.

Sipple, David, Arnim Wiek, und Sophia McRae. 2023b. Steuerbarkeit des Ernährungssystems durch Kommunalpolitik und -verwaltung. In *Nachhaltige Gestaltung von lokalen Ernährungssystemen durch Kommunalpolitik und -verwaltung*, Hrsg. David Sipple, Arnim Wiek und Heiner Schanz: Springer.

Stadt Leipzig. 2018. Integriertes Stadtentwicklungskonzept Leipzig 2030: Zielbild und Stadtentwicklungsstrategie. Abgerufen am 25. März 2023. https://static.leipzig.de/fileadmin/mediendatenbank/leipzig-de/Stadt/02.6_Dez6_Stadtwicklung_Bau/61_Stadtplanungsamt/Stadtentwicklung/Stadtentwicklungskonzept/INSEK_2030/IN-SEK-Leipzig_2030_Broschure_Teil_1.pdf.

Stadt Leipzig. 2020. Sofortmaßnahmenprogramm zum Klimanotstand 2020: Europäische Energie- und Klimaschutzkommune Leipzig. Abgerufen am 25. März 2023. https://static.leipzig.de/fileadmin/mediendatenbank/leipzig-de/Stadt/02.3_Dez3_Umwelt_Ordnung_Sport/36_Amt_fuer_Umweltschutz/Publikationen/200910_Sofortma-nahmenprogramm_Klimanotstand_2020_FINAL.pdf.

Stadt Leipzig. 2023a. Energie und Klima. Abgerufen am 25. Mai 2023. https://www.leipzig.de/umwelt-und-verkehr/energie-und-klima.

Stadt Leipzig. 2023b. Leipzig ist Bio-Stadt! Abgerufen am 25. Mai 2023. https://www.leipzig.de/umwelt-und-verkehr/energie-und-klima/biostadt.

Stadt Leutkirch. 2013. Integriertes Klimaschutzkonzept der großen Kreisstadt Leutkirch. Abgerufen am 14. April 2023. https://www.leutkirch.de/de/Leben/Bauen-Umwelt/Energie-Klimaschutz/Integriertes-Klimaschutzkonzept.

Stadt Leutkirch. 2017a. Bürgerdialoge: Leutkircher Bürger im Dialog. Abgerufen am 14. April 2023. https://www.leutkirch.de/de/Leben/Bauen-Umwelt/Aktuelle-Projekte/KER-NiG/Buergerdialoge.

Stadt Leutkirch. 2017b. Expertentreffen. Abgerufen am 14. April 2023. https://www.leutkirch.de/de/Leben/Bauen-Umwelt/Aktuelle-Projekte/KERNiG/Expertentreffen.

Stadt Leutkirch. 2017c. KERNiG – Ziele und Maßnahmen der Experten und Bürger mit Priorisierung. Abgerufen am 14. April 2023. https://www.leutkirch.de/ceasy/resource/?id=15291&download=1.

Stadt Leutkirch. 2020. Eat Me Up!: Mit „Eat Me Up!" die Genusswelt der Region virtuell entdecken. Abgerufen am 17. April 2023. https://www.leutkirch.de/de/Leben/Bauen-Umwelt/Aktuelle-Projekte/KERNiG/Eatme-Up.

Stadt Leutkirch. 2021. Richtlinien und Bedingungen für den Betrieb eines Standes auf dem Leutkircher Kinderfest. Abgerufen am 17. April 2023. https://www.leutkirch.de/ceasy/resource/?id=22317&download=1

Stadt Leutkirch. 2022. Leitbild Energie und Klimaschutz. Abgerufen am 30.12.2023. https://www.leutkirch.de/ceasy/resource/?id=28585&download=1

Stauffenberg, Philipp. 2019. Vermarktung regionaler Bioprodukte durch Alternative Ernährungsnetzwerke in Leipzig. Masterarbeit, Universität Leipzig.

Wunder, Stephanie. 2019. Regionale Ernährungssysteme und nachhaltige Landnutzung im Stadt-Land-Nexus. Abgerufen am 25. Mai 2023. https://www.umweltbundesamt.de/sites/default/files/medien/1410/publikationen/2019-11-08_texte_137-2019_run_ap3_4.pdf.

Kommunale Unternehmen der Ernährungswirtschaft – Konzeptionelle Grundlagen am Beispiel des Geschäftsmodells einer *Kommunalen Ernährungsmeisterei*

David Sipple, Martin Ritter und Heiner Schanz

Zusammenfassung

Kommunale Unternehmen der Ernährungswirtschaft stellen ein wirksames Instrument zur Sicherung der kommunalen Daseinsvorsorge im Ernährungsbereich und zur Stärkung einer nachhaltigen lokalen Ernährungswirtschaft dar. Der vorliegende Beitrag entwickelt auf Basis der wenigen vorhandenen Beispiele sowie konzeptioneller Überlegungen zentrale Anforderungen an ein illustratives Geschäftsmodell für ein solches kommunales Unternehmen. Neben dem operativen Zweck tragen kommunale Unternehmen der Ernährungswirtschaft zu einer längerfristigen Verstetigung ernährungsrelevanter Themen in Kommunalverwaltung und nachhaltiger Stadtentwicklung bei. Dies zeigt sich auch anhand der Modellierung lokaler Ernährungssysteme (Sipple und Schanz 2023). Der vorliegende Beitrag liefert konzeptionelle Grundlagen für ein illustratives Geschäftsmodell eines kommunalen Unternehmens der Ernährungswirtschaft am Beispiel einer *Kommunalen Ernährungsmeisterei.*

D. Sipple (✉) · M. Ritter · H. Schanz
Universität Freiburg, Freiburg, Deutschland
E-Mail: david.sipple@vwl.uni-freiburg.de

M. Ritter
E-Mail: martin.ritter@frias.uni-freiburg.de

H. Schanz
E-Mail: heiner.schanz@envgov.uni-freiburg.de

© Der/die Autor(en) 2024   93
D. Sipple et al. (Hrsg.), *Nachhaltige Gestaltung von lokalen Ernährungssystemen durch Kommunalpolitik und -verwaltung,* Stadtforschung aktuell, https://doi.org/10.1007/978-3-658-42720-7_5

1 Einleitung

In den vergangenen Jahren ist auf kommunaler Ebene in Europa eine zunehmende „Rekommunalisierung" vormals privatisierter Dienstleistungen zu beobachten. Dies betrifft Bereiche, die als zentrale Aufgaben der kommunalen Daseinsvorsorge gelten: Wasser, Mobilität, Energie und Entsorgung. Die Rückführung privatisierter Tätigkeitsbereiche in kommunale Unternehmen sichert existenzielle Einrichtungen der täglichen Versorgung und dient gleichzeitig als Hebelpunkt nachhaltiger Kommunalentwicklung (Libbe et al. 2011; Schwarting 2021; Röber 2018; Bauer 2012). Unter dem Gesichtspunkt lokaler Resilienz erscheint es nicht in allen Bereichen sinnvoll, grundlegende Aufgaben der täglichen Daseinsvorsorge liberalisierten und damit ausschließlich gewinnorientierten, räumlich übergeordneten Marktstrukturen der Privatwirtschaft zu überlassen (Tillack und Hornbostel 2023). Die Reintegration von Aufgaben der kommunalen Daseinsvorsorge in den Verantwortungsbereich der Kommunen kann als eine gemeinwohlorientierte Form der sozialen Marktwirtschaft betrachtet werden, die die Resilienz lokaler Ver- und Entsorgungsstrukturen stärkt (Kopatz 2021). Der Bereich Ernährung wird hierbei bisher kaum berücksichtigt. Er sollte jedoch gerade aufgrund der klimawandelbedingten Notwendigkeit einer sozial-ökologischen Transformation sowie weiterer globaler Krisen fester Bestandteil der kommunalen Daseinsvorsorge werden (Schanz und Sipple 2023).

Durch den Betrieb kommunaler Unternehmen im Ernährungsbereich kann eine Kommune Versorgungsstrukturen in existenziell notwendigen Bereichen sicherstellen, die von privatwirtschaftlichen Akteur*innen oder in Krisenzeiten nur unzureichend bedient werden. Gleichzeitig lässt sich so die lokale Resilienz als auch die nachhaltige Entwicklung des Ernährungssystems vor Ort stärken. So zeigt sich gerade im Bereich der Gemeinschaftsverpflegung, dass vermehrt Catering-Betriebe fehlen, die Kindertagesstätten und Schulen mit Mittagessen versorgen, das den DGE-Richtlinien für eine gesunde und nachhaltige Ernährung (DEG 2022a) entspricht (Waskow und Niepagenkemper 2020; Jansen et al. 2020; Jansen 2019). Übernimmt eine Kommune diese Aufgabe über ein kommunales Unternehmen, kann sie eine gesunde und vollwertige Ernährung in diesen Einrichtungen sicherstellen und muss dies nicht über personal- und zeitintensive Ausschreibungsverfahren einfordern. Dies erleichtert zugleich die Beschaffung regionaler Produkte, da sich Ausschreibungsverfahrens vereinfachen bzw. teilweise entfallen, wovon letztlich die Unternehmen der lokalen Ernährungswirtschaft als potenzielle Lieferanten profitieren können (Sipple und Wiek 2023).

Der ab dem Jahr 2026 geltende Rechtsanspruch auf Ganztagsbetreuung für Grundschulkinder unterstreicht die Notwendigkeit der Entwicklung von Geschäftsmodellen kommunaler Unternehmen in der Ernährungswirtschaft zusätzlich, insbesondere im Bereich der Außer-Haus-Verpflegung. Demnach soll ab 2026 schrittweise ein allgemeiner Rechtsanspruch auf Ganztagsbetreuung für Grundschulkinder eingeführt werden, die neben pädagogischen Angeboten auch ein Mittagessen umfassen muss (BMFSFJ 2021a, b, c). Damit ergibt sich für die Kommunen ein neues Anforderungsprofil hinsichtlich ihrer Verantwortung für die Sicherstellung der Schulverpflegung an Schulen in kommunaler Trägerschaft. Gerade vor diesem Hintergrund sollten sich die Kommunen nun relativ rasch mit einer zukünftig steigenden Nachfrage nach Schulverpflegung auseinandersetzen. Dies liegt auch daran, dass die strengeren Betreuungsanforderungen für Grundschulkinder ein Mittagessen nur im schulischen Kontext zulassen, da Grundschulkinder das Schulgelände nicht unbeaufsichtigt verlassen dürfen. Die anstehende Gesetzesänderung führt letztlich dazu, dass Kommunen in naher Zukunft darüber nachdenken müssen, wie ein adäquates Angebot der Schulverpflegung in Zukunft aussehen soll. Hier gilt es auch zu prüfen, ob dies auch in Eigenregie produziert werden kann, z. B. durch die Gründung eines kommunalen Unternehmens der Außer-Haus-Verpflegung. Anknüpfend enthält der vorliegende Beitrag die Konzeptionierung eines Geschäftsmodell für ein kommunales Unternehmen der Ernährungswirtschaft mit den Handlungs- bzw. Geschäftsfeldern *Gemeinschaftsverpflegung, Fachkräfteförderung* und *Ernährungsbildung*. Dieses bietet aus Sicht der Autoren die Möglichkeit, nachhaltige Ernährung ernsthaft und langfristig in die kommunale Wirtschafts- und Bildungspolitik zu integrieren und hier zu verstetigen. In der Wahl der Handlungs- bzw. Geschäftsfelder baut dies auf die Ergebnisse einer systemischen Modellierung lokaler Ernährungssysteme auf (Sipple und Schanz 2023).

In der dänischen Hauptstadt Kopenhagen wurde bereits 2007 das „House of Food" gegründet. Dieses befasst sich mit ähnlichen Handlungsfeldern wie das hier konzipierte kommunale Unternehmen der Ernährungswirtschaft. Auch das „House of Food" in Kopenhagen adressiert die Handlungsfelder *Gemeinschaftsverpflegung, Fachkräfteförderung* und *Ernährungsbildung* sowie die Verfolgung spezifischer Nachhaltigkeitskriterien. Die Arbeit des „House of Food" im Bereich der Konzeptentwicklung und Beratung hat wesentlich dazu beigetragen, dass der Anteil an Bio-Lebensmitteln in rund 900 öffentlichen Kantinen in Kopenhagen schrittweise auf bis zu 90 % erhöht werden konnte. Zu diesen Einrichtungen zählen Kindertagesstätten, Pflegeheime und Krankenhäuser. Diese Umstellung erfolgte auf der Grundlage der bestehenden Budgets, was bedeutete, dass die Küchen den Einkauf, die Planung und die Zubereitung der Mahlzeiten grundlegend umstellen mussten bzw. müssen (KBH Madhus 2023). Zentrale Ziele sind dabei die Reduktion von CO_2-Emissionen, der Schutz des Grundwassers durch einen geringeren Pestizideinsatz, die Förderung der Ernährungsbildung von Kindern und Jugendlichen sowie die Förderung eines nachhaltigeren und gesünderen Lebensmittelkonsums insgesamt (Smith et al. 2016). Diese Ziele und die damit verbundene deutliche Steigerung des Bio-Anteils wurden durch Beratungsangebote für die Gastronomiebetriebe sowie durch Weiterbildungsangebote für deren Personal verfolgt. Ferner wurden Formate der Ernährungsbildung für Schulen und für die Zivilgesellschaft entwickelt und angeboten. Einige Schulen wurden zudem dabei unterstützt, ihre Schüler*innen selbst in die Produktion der Schulverpflegung einzubinden und dies fest in den Lehrplan zu integrieren (Hansen et al. 2020). Die erfolgreiche Verbesserung der Qualität öffentlicher Mahlzeiten, in Kombination mit der Erhöhung des Bio-Anteils dieser Mahlzeiten auf 90 %, wird mittlerweile als sog. „Kopenhagener Modell" bezeichnet (KBH Madhus 2023). Als gemeinnützige private Stiftung steht das „House of Food" jedoch auch im Wettbewerb mit anderen privaten Beratungs- und Weiterbildungsanbietern. Dies führt zu wirtschaftlichen Herausforderungen, wie z. B. Ausschreibungsverfahren und gefährdet den Fortbestand einer so erfolgreichen und international anerkannten Einrichtung (Süddeutsche Zeitung 2021). Daraus ergibt sich der Anlass, dass sich ähnliche Geschäftsmodelle zwar inhaltlich am „Kopenhagener Modell" orientieren, in ihrer Rechtsform jedoch beispielsweise als kommunales Unternehmen entwickelt werden. So sind sie weniger dem Wettbewerb in Ausschreibungsverfahren ausgesetzt, was ein Vorteil für ihre langfristige Verstetigung sein kann. Darüber lassen sich auch inhaltlich weitere Hebel bzw. Instrumente zur Stärkung einer nachhaltigen Ernährungswirtschaft adressieren, die über das „Kopenhagener Modell" hinausgehen (Sipple und Schanz 2023; Wiek et al. 2023; Sipple und Wiek 2023).

Aufbauend auf den beschriebenen Herausforderungen werden in diesem Beitrag die konzeptionellen Grundlagen eines Geschäftsmodells für kommunale Unternehmen der Ernährungswirtschaft entwickelt. Dieses trägt den Titel *Kommunale Ernährungsmeisterei* und wird für den Kontext einer Kommune in Deutschland skizziert. Die adressierten Handlungsfelder knüpfen an identifizierte Hebelpunkte der Kommunalverwaltung und -politik zur Stärkung der nachhaltigen Entwicklung von Ernährungssystemen an, konkret die kommunale Wirtschafts- und Bildungspolitik (Sipple und Schanz 2023). Wir haben hierfür ein „Business Model Canvas" entwickelt, welcher das Geschäftsmodell einer *Kommunalen Ernährungsmeisterei* systematisiert. Wir beginnen mit einer Einführung in die theoretischen Grundlagen der Geschäftsmodellentwicklung, stellen anschließend Hintegrund und Handlungsfelder sowie das Geschäftsmodell insgesamt vor und schließen mit einem Ausblick.

2 Theoretische Grundlagen der Entwicklung von Geschäftsmodellen

Jedes Unternehmen basiert auf einem Geschäftsmodell, welches deren grundlegende Funktionsweise beschreibt (Casadesus-Masanell und Ricart 2011), d. h. welche Werte das Unternehmen für welche Konsument*innengruppen liefert, wie diese Werte geschaffen werden und wie die Kosten- und Erlösstrukturen des Unternehmens aufgebaut sind (Teece 2010). Nach Doganova und Eyquem-Renault (2009) lässt sich die Literatur zu Geschäftsmodellen in drei grundlegende Ansätze unterteilen: 1) Der *essentialistische* Ansatz, 2) der *funktionalistische* Ansatz und 3) der *pragmatische* Ansatz:

- Der *essentialistische* Ansatz unterscheidet Unternehmen hinsichtlich ihrer Funktionsweise (Doganova und Eyquem-Renault 2009), anhand entsprechender Attribute (Curtis 2021; Lüdeke-Freund et al. 2019; Donner und Vries 2021). Das Problem ist, dass die Kategorien grob sein müssen, da jedes Unternehmen im Detail anders funktioniert. Dieser Ansatz hat den Nachteil, dass jedes Attribut des Unternehmens genau beschrieben werden muss. Der Ansatz eignet sich daher weniger für Unternehmen, die sich noch in der Entwicklungsphase befinden.
- Beim *funktionalistischen* Ansatz werden Geschäftsmodelle als Planungsinstrument begriffen (Doganova und Eyquem-Renault 2009; Li 2020; Wirtz 2020). Da jeder Unternehmer nur über begrenzte Informationen verfügen kann, müssen dabei viele Informationen interpretiert und Wissenslücken durch Annahmen geschlossen werden. Dies führt in der Praxis dazu, dass der Businessplan während der Umsetzung relativ schnell verändert wird. Zudem basieren Prognosen auf Vergangenheitsdaten und Vergleichszahlen, die bei innovativen Gründungsvorhaben nicht zur Verfügung stehen (Kunze und Offermanns 2016).
- Die *pragmatische* Perspektive betrachtet Geschäftsmodelle als kohärente Erzählungen darüber, wie ein Unternehmen funktioniert (Doganova und Eyquem-Renault 2009). Ein Geschäftsmodell beschreibt die Theorie eines Unternehmens und reduziert die Komplexität der Realität so weit, dass die Erzählung im Alltag bei der Entscheidungsfindung hilfreich ist (Massa et al. 2017).

Wir orientieren uns bei der konzeptionellen Entwicklung des Geschäftsmodells am *pragmatischen* Ansatz. Wir entwickeln einen „Plot", wie das Unternehmen mit seinen Stakeholdern die Aufgabe erfüllt, durch unternehmerische Aktivitäten Werte für seine Zielgruppen zu schaffen (Haggège und Vernay 2020). Der

Plot beginnt mit der aktuellen Situation, in der eine Herausforderung beschrieben wird, die einer unternehmerischen Lösung bedarf (siehe Teil 5.3 des vorliegenden Beitrags). Dann wird das Unternehmen als Lösung beschrieben, nämlich wie ein Produkt oder eine Dienstleistung die Situation verändert und warum Kund*innen bereit sind, für die Lösung langfristig Geld zu bezahlen (Magretta 2002). Der Plot entfaltet seine Kraft insbesondere dann, wenn es kontextuelle Bezüge zu Herausforderungen und Diskussionen herstellt, die der jeweiligen Zielgruppe bekannt sind (siehe Teile 5.3.1 bis 5.3.3 des vorliegenden Beitrags) (van Werven et al. 2019). Es kann daher sinnvoll sein, für verschiedene Zielgruppen unterschiedliche Nuancen der Erzählung vorzubereiten. Im besten Fall zirkuliert die Erzählung anschließend im sich bildenden Netzwerk aus Unterstützer*innen und Kund*innen. Dabei können die verschiedenen Mitglieder des Netzwerks unterschiedliche Ressourcen einbringen, sei es finanzieller oder ideeller Art. Wenn genügend Legitimität bei potenziellen Stakeholdern gesammelt ist, kann das Unternehmen Realität werden (Bartel und Garud 2009; Bocken und Snihur 2020). Die Erzählung muss so greifbar sein, dass es anderen Akteur*innen wie Kund*innen sowie öffentlichen Träger- und Geschäftspartner*innen möglich ist, in die Erzählung einzusteigen und sie weiterzuentwickeln. Das Modell kann in seiner Funktionsweise laufend an neue Informationen und Erfahrungen angepasst werden (Blank und Dorf 2017).

Um die Erzählung über die Funktionen eines Unternehmens zu strukturieren, wurden bereits zahlreiche Hilfsmittel entwickelt. Der „Business Model Canvas" von Osterwalder und Pigneur (2011) ist eines der populärsten und anwendungsfreundlichsten Tools und wird daher in Wissenschaft und Praxis breit eingesetzt (Haggège und Vernay 2020; Ritter und Schanz 2019). Er wird meist in drei Elemente unterteilt (Richardson 2008; Bocken et al. 2014): Wertversprechen *(value proposition)*, Wertschöpfung *(value creation* and *-delivery)* und Wertbindung *(value capture)*.

- Zunächst wird unter *value proposition* (Wertversprechen) erklärt, welche Kund*innengruppen mit welchem Angebot angesprochen werden sollen. Hierbei geht es darum, in wenigen Worten zu erklären, warum die Kund*innen ihre Produkte bei diesem und nicht bei einem anderen Unternehmen kaufen. Das Produkt oder die Dienstleistung muss das Unternehmen nicht einzigartig machen, es kann sich auch um einen Vorteil handeln, wie z. B. das einzige Unternehmen zu sein, das diese Dienstleistung vor Ort anbietet, oder günstiger zu sein als andere Unternehmen.
- *Value creation* and *-delivery* (Wertschöpfung) beschreiben, wie das Angebot tatsächlich erstellt wird. Welches Personal und welche Maschinen eingesetzt

werden und welche Partnerschaften eingegangen werden müssen, um erfolgreich zu sein. Ferner wird erläutert wie das Produkt oder die Dienstleistung zu Kund*innen ausgeliefert wird und ob Folgeleistungen angeboten werden.

- *Value capture* (Wertbindung) beschreibt das Verhältnis zwischen den Kosten für die Erstellung von Gütern und Dienstleistungen und den Erlösströmen des Unternehmens und damit die Höhe der erwarteten Erlösbindung.

Alle drei Säulen des Geschäftsmodells müssen ineinandergreifen und eine logisch konsistente Erzählung ergeben. Im Zuge der Erstellung eines konzeptionellen Geschäftsmodells für eine *Kommunale Ernährungsmeisterei* haben die Autoren dies auf den folgenden Seiten beispielhaft umgesetzt. Hierbei muss berücksichtigt werden, dass es sich bei der Zielgruppe des Geschäftsmodells zunächst nicht um klassische Investor*innen handelt, die Kapital zur Gründung des Unternehmens investieren. Vielmehr richtet sich das entwickelte Geschäftsmodell beispielhaft an die Entscheidungsträger*innen in Kommunalpolitik und -verwaltung. Es soll diese von einer politischen, ideellen und finanziellen Unterstützung und schließlich von der Gründung eines gemeinwohlorientierten kommunalen Unternehmens der Ernährungswirtschaft in Form einer *Kommunalen Ernährungsmeisterei* überzeugen.

3   Die Kommunale Ernährungsmeisterei: Hintergrund und Handlungsfelder

Als grundlegender Teil des Plots bzw. der Storyline des Geschäftsmodells der *Kommunalen Ernährungsmeisterei* wird hier zunächst auf deren Zielsetzung und Namensgebung sowie die dahinterstehenden Überlegungen eingegangen. Unter einer *Kommunalen Ernährungsmeisterei* verstehen die Autoren dieses Beitrags ein kommunales Unternehmen zur langfristigen Stärkung eines nachhaltigen Ernährungssystems vor Ort. Der Begriff „Meisterei" wurde bewusst gewählt, da dieser im Sprachgebrauch traditionell für einen Betrieb steht, der für die Wartung und Instandhaltung öffentlicher Infrastruktur und/oder Versorgungseinrichtungen zuständig ist, wie z. B. Straßenmeistereien. Ähnlich wie Straßenmeistereien für die Instandhaltung und Sicherheit von Straßen zuständig sind, sorgt eine *Kommunale Ernährungsmeisterei* für die Verfügbarkeit und Qualität von Lebensmitteln im Zuständigkeitsbereich einer Kommune. Der Begriff „Meisterei" suggeriert in diesem Zusammenhang eine gewisse Fachkompetenz und Erfahrung. So wie die Mitarbeiter*innen einer Straßenmeisterei über das nötige Fachwissen im Straßenbau verfügen, soll eine *Kommunale Ernährungsmeisterei* die nötigen Fachkompetenzen bündeln, um eine resiliente und nachhaltige Lebensmittelversorgung zu organisieren, zu koordinieren und zu gewährleisten sowie dieses Wissen zu multiplizieren. Die Schlüsselaktivitäten und somit Handlungsfelder einer *Kommunalen Ernährungsmeisterei* sollen demnach folgende sein: die Produktion von Mahlzeiten der *Gemeinschaftsverpflegung,* die Schaffung niederschwelliger Angebote der nachhaltigen *Ernährungsbildung* sowie die nachhaltigkeitsbezogene *Fachkräfteförderung* im Bereich der lokalen Ernährungswirtschaft. Wie kommunale Unternehmen generell, soll eine kommunale Ernährungsmeisterei das Ziel verfolgen, resiliente, soziale, ökologische und wirtschaftliche Strukturen und Versorgungsleistungen zu schaffen. Dies soll auch die kommunale Daseinsvorsorge vor Ort stärken (Schanz und Sipple 2023; VKU 2017a, b).

Im Folgenden werden die Handlungsfelder einer *Kommunalen Ernährungsmeisterei* als kommunales Unternehmen näher vorgestellt: *Gemeinschaftsverpflegung, Ernährungsbildung* und *Fachkräfteförderung.* Die Ausrichtung dieser Handlungsfelder basiert auf den Ergebnissen der Modellierung lokaler Ernährungssysteme. So adressieren die drei Handlungsfelder die von Sipple und Schanz (2023) identifizierten Hebelpunkte der nachhaltigen Gestaltung lokaler Ernährungssysteme: *Fokus kommunaler Bildungspolitik auf nachhaltige Ernährung* sowie *Fokus kommunaler Wirtschaftspolitik auf nachhaltige Ernährung.* Durch die Gründung eines kommunalen Unternehmens in Form einer *Kommunalen Ernährungsmeisterei* können diese Hebelpunkte auf lokaler Ebene umfänglich und langfristig angesteuert werden. Im Folgenden werden die Handlungsfelder näher begründet und erläutert, bevor sie in ein konzeptionelles Geschäftsmodell überführt werden.

3.1   Handlungsfeld Gemeinschaftsverpflegung

Die Herstellung von Mahlzeiten für die Gemeinschaftsverpflegung nach Nachhaltigkeitskriterien in einer eigens dafür geschaffenen Großküche soll den zentralen Tätigkeitsbereich der *Kommunalen Ernährungsmeisterei* darstellen. Diese Mahlzeiten sollen primär der Versorgung der Einrichtungen in kommunaler Trägerschaft dienen, wie Kindertagesstätten, Schulen, Pflegeeinrichtungen und Betriebskantinen. Darüber hinaus soll eine Öffnung der Mensen bzw. Kantinen für die Stadtgesellschaft in Form eines sog. „kommunalen Mittagstisch" die Essenszahlen und damit die Wirtschaftlichkeit der geplanten Großküche erhöhen. Eine Öffnung des Angebotes bietet zudem große Potenziale im Bereich des intergenerationellen Austauschs sowie der sozialen Integration marginalisierter Gruppen (Senior*innen etc.) und wirkt deren Vereinsamung entgegen (Hennchen und Pregernig 2020). Darüber hinaus ergeben sich Potenziale im Bereich der umwelt- sowie kostenbezogenen Ressourceneffizienz, da statt separater Einrichtungen eine gemeinsame Infrastruktur genutzt wird.

Über die Produktion von Mahlzeiten der Gemeinschaftsverpflegung im kommunalen Unternehmen kann die Kommune einen bedeutenden Beitrag zu nachhaltigen Ernährungssystemen und somit auch zum Klimaschutz leisten (Tecklenburg et al. 2019). Zentrales Ziel sollte dabei sein, die Einhaltung der DGE-Richtlinien zu garantieren sowie den Anteil der verwendeten Produkte mit bio-regionaler und fair-gehandelter Herkunft an den Mahlzeiten der Schulverpflegung deutlich zu erhöhen (DEG 2022a, b; Fülles et al. 2017). Herkömmliche Ausschreibungsverfahren der Gemeinschaftsverpflegung (u. a. Schulverpflegung), welche vermehrt auch unter Einbezug von Nachhaltigkeitskriterien erfolgen (Tecklenburg et al. 2019; Bödeker 2011; Waskow und Niepagenkemper 2020; Erhart und Neuthard 2021), werden immer häufiger von einem zunehmenden Mangel an regionalen Catering-Unternehmen „ausgebremst". So gibt es in vielen Regionen in Deutschland immer weniger Betriebe, welche bereit und fähig sind Aufträge der Gemeinschaftsverpflegung nach spezifischen Gesundheits- und Nachhaltigkeitskriterien zu übernehmen (Jansen 2019; Jansen et al. 2020). Darüber hinaus ist bei der Implementierung von Nachhaltigkeitskriterien in Ausschreibungsverfahren der Gemeinschaftsverpflegung zu beachten, dass eine sachlich nicht gerechtfertigte Bevorzugung lokaler/regionaler Lebensmittel laut EU-Ausschreibungsrecht gegen das sog. „Diskriminierungsverbot" (§ 97 Abs. 2 GWB n.F.) verstoßen kann. Kriterien für die verpflichtende Verwendung regionaler Lebensmittel oder die Einbindung lokaler Anbieter müssen stets sachlich begründbar sein (Erhart und Neuthard 2021; Fülles et al. 2017). Andernfalls kann es zu Klagen anderer Catering-Betriebe kommen, die über die Kriterien vom Verfahren ausgeschlossen wurden (Preußer 2018). Für eine Produktion der Schulverpflegung im kommunalen Unternehmen einer *Kommunalen Ernährungsmeisterei* sprechen daher u. a. folgende Argumente:

- Mangel an regionalen Catering-Unternehmen (Jansen et al. 2020; Jansen 2019);
- Unsicherheiten bzgl. Nachhaltigkeitskriterien in Ausschreibungsverfahren mit externen Catering-Betrieben (Fülles et al. 2017; Erhart und Neuthard 2021; Preußer 2018);
- Frische, vor Ort zubereitete Mahlzeiten sind nährstoff- und vitaminreicher (DEG 2022b).

Ein weiterer, eher perspektivischer Grund, der für die Übernahme der Herstellung von Gemeinschaftsverpflegung durch ein kommunales Unternehmen spricht, ist die Einführung des flächendeckenden Rechtsanspruchs auf Ganztagsbetreuung in Grundschulen bis zum Jahr 2026 in Deutschland. Hiermit geht auch das Recht auf ein Mittagessen einher (BMFSFJ 2021a, b, c). Dies lässt erwarten, dass die Nachfrage nach Schulverpflegung im Primarbereich in Deutschland in den nächsten Jahren deutlich steigen wird. Gerade an Grundschulen kann im Verhältnis zur Sekundarstufe aufgrund des geringeren Alters der Schüler*innen (i. d. R. sechs bis elf Jahre) und diesbezüglicher vorhandener Betreuungspflichten davon ausgegangen werden, dass Angebote der Schulverpflegung vor Ort an der Schule deutlich stärker angenommen werden (müssen), als beispielsweise in der Sekundarstufe (Schütz und Täubig 2020; Schütz 2016). Dies zeigt das Beispiel des seit 2020 gesetzlich verankerten Rechtsanspruchs auf einen Betreuungsplatz für unter Dreijährige, was bis 2020 zu einer Verdreifachung der Mahlzeiten in Kindertagesstätten geführt hat (Pfefferle et al. 2021).

3.2   Handlungsfeld Ernährungsbildung

Kommunale Verwaltung und Politik haben eine relativ kurze Distanz zu den Lebensumständen und Gewohnheiten der lokalen Bevölkerung. Die kommunale Ebene ist daher besonders geeignet, um Wissen zu Nachhaltigkeitsthemen zu vermitteln und darauf aufbauend Gewohnheiten zu verändern bzw. zu festigen (Kirst et al. 2019). Hierbei erscheint es logisch und hilfreich, den bisherigen Schwerpunkt kommunaler Ernährungsbildung auf gesunde Ernährung mit dem Themenfeld der nachhaltigen Ernährung zu verknüpfen (Schanz et al. 2020). Ziel des Handlungsfelds *Ernährungsbildung* muss dabei sein, Konsument*innen über die Vermittlung von praktischem Wissen und konkreter Wertschätzung zu nachhaltigeren und gesünderen Ernährungsgewohnheiten anzuregen (Hennchen und Pregernig 2020). Auf kommunaler Ebene können hierfür z. B. Koch- und Backkurse, spezifische Vortragsprogramme und/oder Exkursionen in Zusammenarbeit mit der Volkshochschule, den Stadtbibliotheken und/oder zivilgesellschaftlichen Initiativen (etc.) angeboten werden. Eine *Kommunale Ernährungsmeisterei* sollte diesbezüglich als zentraler, niederschwelliger Bildungs- und Vernetzungsort einer Stadt fungieren. Über eine Kooperationen mit lokalen Unternehmen kann zudem eine Integration solcher Angebote in betriebliche Bildungsprogramme angestrebt werden, z. B. im Bereich Gesundheit und Nachhaltigkeit. Hier ergeben sich Synergien: die im Handlungsfeld *Fachkräfteförderung* vorgeschlagenen nachhaltigkeitsbezogenen Weiterbildungsangebote lassen sich mit den Angeboten der *Ernährungsbildung* kombinieren (Nölle 2016).

Eine Verknüpfung der *Ernährungsbildung* mit Angeboten der *Gemeinschaftsverpflegung* sollte in jedem Fall erfolgen (sog. „begleitende Ernährungsbildung"). Dabei lassen sich Verpflegungskonzepte, Bildung und Betreuung kombinieren (DEG 2022a, b). Über ein geschultes Betreuungs- und Küchenpersonal kann so die Verbreitung gesunder und nachhaltiger Ernährungsgewohnheiten vor Ort gestärkt werden (Hennchen 2019, 2021; Schanz et al. 2020).

3.3   Handlungsfeld Fachkräfteförderung

Viele Betriebe der lokalen Ernährungswirtschaft sind von einem starken Fachkräftemangel betroffen. Neben den Betrieben des Lebensmittelhandwerks betrifft dies besonders die Gastronomie und somit auch den Bereich der Gemeinschaftsverpflegung (Hickmann et al. 2021; DEHOGA 2019; Sipple und Schanz 2021). Diese Situation hat sich durch die vorübergehende Schließung von Gastronomiebetrieben während der COVID-19-Pandemie weiter verschärft (Janson 2022). Eine erfolgreiche Entwicklung von Ernährungssystemen in Richtung Nachhaltigkeit kann jedoch nur mit entsprechend qualifizierten Fachkräften, Betriebsnachfolger*innen sowie Neugründer*innen gelingen. Der in Deutschland vorherrschende Fachkräftemangel bedroht auch über den Ernährungsbereich hinaus die Erreichung zentraler Nachhaltigkeitsziele (Grunau et al. 2020). Über das Handlungsfeld *Fachkräfteförderung* soll sich die *kommunale Ernährungsmeisterei* als nachhaltigkeitsorientiere Aus- und Weiterbildungseinrichtung etablieren. Ziel ist es, dem Fachkräftemangel im Bereich Hauswirtschaft und Gastronomie entgegenzuwirken und gleichzeitig kommunale Nachhaltigkeitsziele zu verfolgen.

Mit einer Schwerpunktsetzung auf Nachhaltigkeits- und Gesundheitsthemen ist es möglich innovative Weiterbildungsformate in der Außer-Haus-Verpflegung und Gastronomie anzubieten. Solche nachhaltigkeitsbezogenen Aus- und Weiterbildungsformate im KMU-Bereich (KMUs=kleine und mittlere Unternehmen) besitzen großes Transformationspotenzial und werden entsprechend nachgefragt, derzeit aber noch kaum angeboten (Göbel et al. 2017; Nölle 2016; Schröder et al. 2022; Redman und Wiek 2021; Ansmann et al. 2023). Mit der Schaffung dieser Angebote kann die Fähigkeit zur Entwicklung und Adaption nachhaltiger Geschäftspraktiken bei Beschäftigten langfristig aufgebaut und Nachhaltigkeit in der lokalen Ernährungswirtschaft entscheidend gestärkt werden. Im Bereich der Aus- und Weiterbildungsangebote ist zudem die Nähe zu den Schulen von großem Vorteil. Schüler*innen können aktiv in die Küche der *Ernährungsmeisterei* und die dortige Produktion der Mahlzeiten eingebunden werden und einen ersten Einblick in das Berufsfeld der Gastronomie erhalten (Hein 2019; Hassel 2019).

Auf kommunaler Ebene zeigt die Entwicklung der letzten zwanzig Jahre einen Rückgang gastronomischer Betriebe (sog. „Gasthöfesterben") bei gleichzeitiger Zunahme von Einrichtungen der Außer-Haus-Verpflegung (wie Kantinen, Mensen, etc.) (Schanz et al. 2020). Der Rückgang gastronomischer Betriebe geht dabei maßgeblich auf den Fachkräftemangel zurück (Küblböck und Standar 2016; Steinmeier und Kastrup 2022). Beide Entwicklungen unterstreichen die Notwendigkeit von Maßnahmen der *Fachkräfteförderung* in diesem Bereich. Der Betrieberückgang im Bereich der Gastronomie hat zusätzlich negative Auswirkungen auf die sozio-ökonomische Entwicklung von Innenstädten und Stadtteilen (Franz 2020). Doch auch die Zahl an Catering-Betrieben und Einrichtungen der Gemeinschaftsverpflegung sollte durch den Fachkräftemangel nicht noch weiter beeinträchtigt werden: Einrichtungen der Gemeinschaftsverpflegung gelten sowohl im Bildungsbereich (Vereinbarkeit von Familie und Beruf) sowie bezüglich der Betriebsverpflegung in ortsansässigen Unternehmen (Mitarbeiter*innen-Akquise und -Bindung) als allgemein wichtiger branchenübergreifender Standortfaktor (Jäger 2016; Sass 2019). Fachkräfte in der Außer-Haus-Verpflegung sind zudem ein wichtiger Faktor für die Tourismuswirtschaft (Wagner 2015). Eine *Kommunale Ernährungsmeisterei* mit dem Handlungsfeld der *Fachkräfteförderung* dient somit querschnittorientiert mehreren zentralen Zielen der kommunalen Wirtschaftsförderung.

4   Konzeption des Geschäftsmodells der *Kommunalen Ernährungsmeisterei*

Im Folgenden wird auf die konkrete Ausgestaltung des Geschäftsmodells einer *kommunalen Ernährungsmeisterei* eingegangen. Hierbei wird auf die zuvor dargestellten Handlungsfelder Bezug genommen. Das Geschäftsmodell baut auf die drei Elemente des sog. „Business Model Canvas" nach Richardson (2008) und Bocken et al. (2014) auf (s. Tab. 1): Wertversprechen *(value proposition)*, Wertschöpfung *(value creation* and *-delivery)* und Wertbindung *(value capture)*. Das Beispiel der Stadt Darmstadt, die über ihren Eigenbetrieb für kommunale Aufgaben und Dienstleistungen (EAD) die tägliche Gemeinschaftsverpflegung für mehrere Bildungseinrichtungen im Stadtgebiet produziert und liefert, bot hier eine grundsätzliche Orientierung und einen Realitätsabgleich (Stadt Darmstadt 2020; Sipple und Wiek 2023).

Tab. 1 Illustratives Business Modell Canvas für eine Kommunale Ernährungsmeisterei (eigene Darstellung)

Wertversprechen	Wertschöpfung	Wertbindung
Produkt: • Produktion u. Lieferung und Ausgabe von Gemeinschaftsverpflegung • Angebote der Ernährungsbildung im Bereich Gesundheit und Nachhaltigkeit • Angebote der Weiterbildung von Fachkräften der lokalen Ernährungswirtschaft im Bereich Gesundheit und Nachhaltigkeit *Kundensegmente:* • Gemeinschaftsverpflegung: – Bildungseinrichtungen – Soziale Träger – Betriebe ohne Kantine – Bürger*innen („kommunaler Mittagstisch") • Ernährungsbildung – Bildungseinrichtungen – Soziale Träger – Lokale Betriebe – Bürger*innen • Fachkräfteförderung: – Betriebe der lokalen und regionalen Ernährungswirtschaft *Kundenbeziehungen:* • Bestell- und Bewertungssystem der Kund*innen • Interaktion über Kurse und Veranstaltungen • Öffentlichkeitsarbeit	*Schlüsselaktivitäten:* • Gemeinschaftsverpflegung • Ausbildung von Fachkräften • Weiterbildung von Fachkräften *Ressourcen:* • Personal • Produktionsküche • Bestellsystem • Lieferinfrastruktur • Zertifizierungen (DGE, etc.) • Schulungsräume *Kanäle:* • Bestellsystem der Gemeinschaftsverpflegung (z. B. über App) • Öffentlichkeitsarbeit • Lieferanten*innen *Schlüsselpartnerschaften:* • Zuständige Verwaltungsbereiche • Kommunale Unternehmen • Betriebe der lokalen Ernährungswirtschaft • Soziale Träger • Vereine, Stiftungen und Verbände	*Kostenstruktur:* • Immobilie mit Produktionsküche und Schulungsräumen (Miete/Kauf) • Bestellsystem • Logistik • Laufende Betriebskosten (Personal, Energie, etc.) • Öffentlichkeitsarbeit *Einnahmequellen:* • Verkauf von Gemeinschaftsverpflegung • Teilnahmegebühren bei Angeboten der Ernährungsbildung • Teilnahmegebühren bei Weiterbildungsangeboten für Fachkräfte

Beim Wertversprechen einer *Ernährungsmeisterei* handelt es sich um die Produktion und Lieferung von frisch zubereitenden Mittagessen und Snacks mit möglichst hohem Anteil bio-regionaler Bestandteile. Dieses Angebot richtet sich an Bildungseinrichtungen unter kommunaler Trägerschaft, soziale Träger und deren Einrichtungen, ortsansässige Betriebe ohne Kantine sowie die gesamte Stadtgesellschaft in Form eines kommunalen Mittagstisch. Der Vorteil der Produktion der Gemeinschaftsverpflegung im kommunalen Unternehmen liegt darin, dass die Umsetzung der politischen Ziele hinsichtlich gesunder und nachhaltiger Ernährung direkt steuerbar ist und weniger aufwendigen Ausschreibungsverfahren unterliegt. Darüber hinaus können Kita-Kinder, Schüler*innen, Eltern, Gäste, Personal und Einrichtungen stärker in den Prozess der Speiseplangestaltung eingebunden werden. So können Akzente in der *Ernährungsbildung* gesetzt und gesundheitliche Aspekte berücksichtigt werden. Konkrete Umsetzungsbeispiele hierfür sind digitale Bestell- und Bewertungssysteme, aber auch klassische Elemente wie ein Veranstaltungsprogramm zu gesunder und nachhaltiger Ernährung (beispielsweise Exkursionen zu Lieferbetrieben aus Landwirtschaft und Verarbeitung, Koch- und Backkurse etc.). Durch die Produktion von *Gemeinschaftsverpflegung* in der *kommunalen Ernährungsmeisterei* kann eine Kommune sowohl eine unabhängige und damit belastbare tägliche Versorgung der Einrichtungen vor Ort sicherstellen und gleichzeitig kommunale Ziele wie Nachhaltigkeit und Gesundheit verfolgen.

Die Wertschöpfung findet in einer Produktionsküche vor Ort in Form der Herstellung eines nachhaltigen und gesunden Speisenangebots nach DGE-Kriterien statt (mit möglichst hohem Anteil bio-regionaler Bestandteile). Hierfür werden Fachkräfte benötigt, die Expertise im Bereich der nachhaltigen Gemeinschaftsverpflegung mitbringen. Diese Expertise soll im Zuge der nachhaltigkeitsbezogenen Aus- und Weiterbildungen von Fachkräften vor Ort auf- und ausgebaut werden. Ein wichtiger Anreiz für potenzielle Fachkräfte und Auszubildende, Teil des Personals der *Ernährungsmeisterei* zu werden, ist neben der zukunftsorientierten Nachhaltigkeitsausrichtung auch die faire Entlohnung: Als Mitarbeiter*innen eines kommunalen Unternehmens unterliegen ihre Anstellungen dem Tarifvertrag des öffentlichen Dienstes (TVöD VKA). Darüber hinaus soll die enge Kooperation mit den belieferten Bildungseinrichtungen genutzt werden, um junge Menschen aktiv in die Produktion einzubinden und so für einen Beruf in der lokalen Ernährungswirtschaft zu begeistern.

Die Wertbindung besteht aus der Kostenstruktur und den verschiedenen Einnahmequellen. Die Haupteinnahmequelle einer *kommunalen Ernährungsmeisterei* ist die Produktion, Lieferung und der Verkauf von Mittagessen und Snacks an Bildungseinrichtungen, soziale Einrichtungen, lokale Unternehmen und über den „kommunalen Mittagstisch" an die Bürger*innen. Weitere Einnahmequellen ergeben sich über kostenpflichtige Veranstaltungs-, Informations- und Weiterbildungsangebote im Bereich der *Ernährungsbildung* sowie im Bereich der *Fachkräfteförderung*. Die Betriebskosten wiederum liegen insbesondere im Bereich der Anmietung/dem Kauf einer geeigneten Produktionsküche mit

Schulungsräumen, eines Bestellsystems, der Öffentlichkeitsarbeit, der Logistik sowie der laufenden Betriebskosten für Personal, Energie und Rohstoffe. Indem eine Kommune eigene Räumlichkeiten zu günstigen Konditionen zur Verfügung stellt und ihr Know-how in operativen Bereichen aus anderen kommunalen Unternehmen und Eigenbetrieben einbringt, können Kosten eingespart werden.

Über das Geschäftsmodells der *kommunalen Ernährungsmeisterei* kann eine Kommune gleichzeitig die Herausforderungen in den Handlungsfeldern der *Gemeinschaftsverpflegung,* der *Ernährungsbildung* und der *Fachkräfteförderung* im Bereich der lokalen Ernährungswirtschaft steuerbar machen. Steuerbar machen heißt in diesem Zusammenhang, die Verantwortung für diese Themen nicht nach außen zu delegieren, sondern mit eigenen Zielen vor Ort zu verfolgen und damit sowohl die Ökonomie als auch die Resilienz auf lokaler Ebene zu fördern.

5   Fazit und Ausblick

Das in diesem Beitrag konzipierte Geschäftsmodell eines kommunalen Unternehmens in Form einer *Kommunalen Ernährungsmeisterei* ist zum jetzigen Zeitpunkt vor allem eine Vision, die auf den breiten Projekterfahrungen aus dem BMBF-geförderten KERNiG-Projekt basiert (Schanz et al. 2020; Sipple und Schanz 2023). Um das Konzept umzusetzen, müssen Stakeholder*innen aus der Stadtgesellschaft (lokale Verwaltung, -Politik, -Wirtschaft und -Zivilgesellschaft) überzeugt und aktiviert werden, sich für die Realisierung einzusetzen. Hierfür benötigt es einer engen Kooperation mit diesen lokalen Akteur*innen und deren Bereitschaft, die Verantwortung für die Umsetzung eines solchen Projekts zu übernehmen (sog. „ownership"). Dies sollte zudem evaluativ begleitet werden, um möglichst viele Erkenntnisse und Übertragbarkeiten aus der Umsetzung festzuhalten (Luederitz et al. 2017).

Im Zuge der Gründung einer *Kommunalen Ernährungsmeisterei* haben die Kommunen zunächst die jeweiligen kommunalverfassungsrechtlichen Vorgaben zu beachten und die jeweilige Tätigkeit hinsichtlich ihrer rechtlichen Zulässigkeit zu prüfen (Gödeke und Jördening 2018). So sollte u. a. geprüft werden, ob vor Ort im Bereich der Gemeinschaftsverpflegung tatsächlich kein ausreichendes, preiswertes, dauerhaft gesichertes und flächendeckendes Angebot durch private Anbieter*innen besteht (Henneke 2009; Neu 2009). Darüber muss geprüft und sichergestellt werden, dass das kommunale Unternehmen mit seinem Geschäftsmodell den langfristigen Entwicklungszielen der Kommune entspricht (Schwarting 2021) und in einem angemessenen Verhältnis zur Leistungsfähigkeit dieser steht (Henneke und Ritgen 2021). Zudem müssen betriebswirtschaftliche Aspekte einer

Kommunalen Ernährungsmeisterei im Detail geprüft werden. Dies betrifft sowohl mögliche einmalige Investitionen in den Erwerb und/oder Umbau von Gebäuden, betriebliche Investitionen (wie den Erwerb von Küchenausstattung, Fahrzeugen, etc.) als auch laufende Betriebskosten (wie Miet- und Energiekosten, Personalkosten, etc.). Hierbei sind insbesondere mögliche Förderungen aus den Programmen der Stadt- und Regionalentwicklung sowie weitere Investitionsprogramme der Bundesländer (in Baden-Württemberg z. B. Investitionsprogramm Ganztagesbetreuung, EFRE/RegioWIN) oder auf Ebene der EU (z. B. LEADER) zu berücksichtigen.

Einer Umsetzung des hier beschriebenen Konzepts einer *Kommunalen Ernährungsmeisterei* stehen sicher zunächst hohe organisatorische und finanzielle Hürden gegenüber. Dementgegen kann auf funktionierende (Teil-)Umsetzungen ähnlicher Art in der Praxis verwiesen werden. Hierzu zählt das erwähnte Beispiel des EAD Darmstadt (Stadt Darmstadt 2020) und das House of Food in Kopenhagen (Smith et al. 2016; Hansen et al. 2020). Die Umsetzung des hier vorgestellten Konzeptes wäre ein echter „Leuchtturm" für die erfolgreiche und langfristige Integration der Förderung lokaler, nachhaltiger Ernährung über die kommunale Bildungs- und Wirtschaftspolitik.

Literatur

Ansmann, Moritz, Julia Kastrup, und Werner Kuhlmeier (Hrsg.). 2023. *Berufliche Handlungskompetenz für nachhaltige Entwicklung: Die Modellversuche in Lebensmittelhandwerk und -industrie.* Leverkusen: Verlag Barbara Budrich.

Bartel, Caroline A., und Raghu Garud. 2009. The Role of Narratives in Sustaining Organizational Innovation. *Organization Science* 20 (1): 107–117. https://doi.org/10.1287/orsc.1080.0372.

Bauer, Hartmut. 2012. Von der Privatisierung zur Rekommunalisierung: einführende Problemskizze. *KWI-Schriften* (6): 11–31.

Blank, Steve, und Bob Dorf. 2017. *Das Handbuch für Startups.* Beijing, Cambridge, Farnham, Köln, Sebastopol, Tokyo: O'Reilly.

Bocken, N.M.P., S. W. Short, P. Rana, und S. Evans. 2014. A literature and practice review to develop sustainable business model archetypes. *Journal of Cleaner Production* 65:42–56. https://doi.org/10.1016/j.jclepro.2013.11.039.

Bocken, Nancy, und Yuliya Snihur. 2020. Lean Startup and the business model: Experimenting for novelty and impact. *Long Range Planning* 53 (4): 101953. https://doi.org/10.1016/j.lrp.2019.101953.

Bödeker, Wulf. 2011. Handlungsspielräume für eine gesunde Schulverpflegung – Rahmenbedingungen, Rechtsformen von Schulverpflegungsangeboten und umsatzsteuerliche Behandlung. Hrsg. v. Serviceagentur „Ganztägig lernen" NRW und Institut für soziale Arbeit e. V. Abgerufen am 30. Dezember 2023. https://www.ganztag-nrw.de/fileadmin/

Dateien/Materialien/Recht/Handlungsspielrumefr_eine_gesunde__Schulverpflegung_Version_5.pdf

BMFSFJ (Bundesministerium für Familie, Senioren, Frauen und Jugend). 2021a. Investitionsprogramm soll bis Ende 2022 verlängert werden. Abgerufen am 02. Juli 2023. https://www.bmfsfj.de/bmfsfj/aktuelles/alle-meldungen/investitionsprogramm-soll-bis-ende-2022-verlaengert-werden-190130.

BMFSFJ (Bundesministerium für Familie, Senioren, Frauen und Jugend). 2021b. Rechtsanspruch auf Ganztagsbetreuung für ab 2026 beschlossen. Abgerufen am 02. Juli 2023. https://www.bmfsfj.de/bmfsfj/aktuelles/alle-meldungen/rechtsanspruch-auf-ganztagsbetreuung-fuer-ab-2026-beschlossen-178826.

BMFSFJ (Bundesministerium für Familie, Senioren, Frauen und Jugend). 2021c. Rechtsanspruch auf Ganztagsbetreuung für Grundschulkinder: Infopapier zum Ganztagsfinanzierungsgesetz. Abgerufen am 02. Juli 2023. https://www.bmfsfj.de/resource/blob/178828/9a452321374467c357304d5399b2480e/ganztagsfinanzierungsgesetz-infopapier-data.pdf.

Casadesus-Masanell, Ramon, und Joan E. Ricart. 2011. How to Design a Winning Business Model. *Harvard Business Review* (89): 100–107.

Curtis, Steven Kane. 2021. Business model patterns in the sharing economy. *Sustainable Production and Consumption* 27:1650–1671. https://doi.org/10.1016/j.spc.2021.04.009.

DGE (Deutsche Gesellschaft für Ernährung e. V.). 2022a. Nachhaltige Ernährung. https://www.dge.de/ernaehrungspraxis/nachhaltige-ernaehrung/.

DGE (Deutsche Gesellschaft für Ernährung e. V.). 2022b. Vollwertig essen und trinken nach den 10 Regeln der DGE. Abgerufen am 02. Juli 2023. https://www.dge.de/gesunde-ernaehrung/dge-ernaehrungsempfehlungen/10-regeln/.

DEHOGA (Deutscher Hotel- und Gaststättenverband). 2019. Branchenbericht: DEHOGA-Konjunkturumfrage Herbst 2019. Abgerufen am 02. Juli 2023. https://www.dehoga-bundesverband.de/fileadmin/Startseite/04_Zahlen___Fakten/07_Zahlenspiegel___Branchenberichte/Branchenbericht/DEHOGA-Branchenbericht_Herbst_2019.pdf.

Doganova, Liliana, und Marie Eyquem-Renault. 2009. What do business models do? *Research Policy* 38 (10): 1559–1570. https://doi.org/10.1016/j.respol.2009.08.002.

Donner, Mechthild, und Hugo de Vries. 2021. How to innovate business models for a circular bio-economy? *Business Strategy and the Environment* 30 (4): 1932–1947.

Erhart, Anja, und Corinna Neuthard. 2021. Hessisch Bio für die Großküche. *Ihr Weg zu mehr bio-regionalen Produkten in der hessischen Gemeinschaftsverpflegung.* Hrsg. v. FiBL Deutschland e. V. Abgerufen am 30. Dezember 2023. https://www.fibl.org/fileadmin/documents/shop/1223-bio-in-grosskuechen-hessen.pdf

Franz, Martin. 2020. Treffpunkt Gaststätte – warum sich Kommunen stärker um ihre Kneipen und Restaurants kümmern sollten. *Standort* 44 (2): 93–98. https://doi.org/10.1007/s00548-020-00635-0.

Fülles, Melanie, Rainer Roehl, Carola Strassner, Andreas Hermann, und Jenny Teufel. 2017. Mehr Bio in Kommunen. Ein Praxisleitfaden des Netzwerks deutscher Biostädte. Abgerufen am 30. Dezember 2023. https://www.biostaedte.de/images/pdf/leitfaden_V4_verlinkt.pdf

Göbel, Christine, Marie-Louise Scheiper, Silke Friedrich, Petra Teitscheid, Holger Rohn, Melanie Speck, und Nina Langen. 2017. Entwicklung eines Leitbilds zur „Nachhaltigkeit in der Außer-Haus-Gastronomie". In *Innovation in der Nachhaltigkeitsforschung: Ein Beitrag zur Umsetzung der UNO Nachhaltigkeitsziele*, Hrsg. Walter Leal Filho, 1–21. Berlin, Heidelberg: Springer Berlin Heidelberg.

Gödeke, Sönke, und Sebastian Jördening. 2018. Möglichkeiten und Grenzen innovativer Geschäftsmodelle kommunaler Energieversorgungsunternehmen. *Recht der Energiewirtschaft* 18 (3): 109–114. https://doi.org/10.1515/rde-2018-180302.

Grunau, Philipp, Markus Janser, Marie-Christine Laible, Florian Lehmer und Britta Matthes, et al. 2020. Covid-19-Pandemie und Klimawandel als Beschleuniger des Strukturwandels: Fachkräftesicherung in Zeiten von Digitalisierung und Defossilisierung. Stellungnahme des IAB zur Anhörung beim Sachverständigenrat zur Begutachtung der gesamtwirtschaftlichen Entwicklung am 8. Oktober 2020. Nürnberg: Institut für Arbeitsmarkt- und Berufsforschung (IAB) (IAB-Stellungnahme, 11/2020). Online verfügbar unter Abgerufen am 29. Juni 2023. https://www.econstor.eu/handle/10419/234308.

Haggège, Meyer, und Anne-Lorène Vernay. 2020. Story-making as a method for business modelling. *Business Process Management Journal* 26 (1): 59–79. https://doi.org/10.1108/BPMJ-12-2017-0363.

Hansen, Mette Weinreich, Stine Rosenlund Hansen, Johan Kristensen Dal, und Niels Heine Kristensen. 2020. Taste, education, and commensality in Copenhagen food schools. Food and Foodways 28 (3): 174–194. https://doi.org/10.1080/07409710.2020.1783817.

Hassel, Anne. 2019. Leitfaden „Schüler kochen für Schüler". Hrsg. v. Landeszentrum für Ernährung Baden-Württemberg. Abgerufen am 30. Dezember 2019. https://landeszentrum-bw.de/site/machsmahl/get/documents_E-1298775401/MLR.Ernaehrung/I-Landeszentrum/4.vernetzen/Kita-und%20Schulverpflegung/Infobrosch%C3%BCren%20und%20Materialien/Leitfaden%20Sch%C3%BCler%20kochen%20f%C3%BCr%20Sch%C3%BCler.pdf

Hein, Dorothea. 2019. Von der Schulbank an den Herd: Schüler kochen für Schüler. Abgerufen am 29.06.2023. https://landeszentrum-bw.de/,Lde/Startseite/wissen/von-der-schulbank-an-den-herd-schueler-kochen-fuer-schueler.

Hennchen, Benjamin. 2019. Knowing the kitchen: Applying practice theory to issues of food waste in the food service sector. *Journal of Cleaner Production* 225:675–683. https://doi.org/10.1016/j.jclepro.2019.03.293.

Hennchen, Benjamin. 2021. What is enough on a plate? Professionals' practices of providing an "adequate portion" in the food service sector. *Food and Foodways* 1–23. https://doi.org/10.1080/07409710.2021.1984610.

Hennchen, Benjamin, und Michael Pregernig. 2020. Organizing Joint Practices in Urban Food Initiatives—A Comparative Analysis of Gardening, Cooking and Eating Together. *Sustainability* 12 (11): 4457. https://doi.org/10.3390/su12114457.

Henneke, Hans-Günter. 2009. Die Daseinsvorsorge in Deutschland – Begriff, historische Entwicklung, rechtliche Grundlagen und Organisation. In *Die Daseinsvorsorge im Spannungsfeld von europäischem Wettbewerb und Gemeinwohl*, Hrsg. Andreas Krautscheid, 17–37: VS Verlag für Sozialwissenschaften.

Henneke, Hans-Günter, und Klaus Ritgen. 2021. *Kommunalpolitik und Kommunalverwaltung in Deutschland*. München: C.H.Beck.

Hickmann, Helen, Lydia Malin, und Dirk Werner. 2021. Fachkräfteengpässe in Unternehmen – Fachkräftemangel und Nachwuchsqualifizierung im Handwerk. *Hickmann Gutachten.*

Jäger, Steffen. 2016. *Die Kinder kommen! Kommunale Kinderbetreuung vor neuen Herausforderungen:* Gemeindetag Baden-Württemberg.

Jansen, Catherina. 2019. *Essen an Schulen zwischen Anspruch und Wirklichkeit: Erwartungen an Schulverpflegung in Anbetracht von Erfahrungen aus der Praxis*. Weinheim: Beltz.

Jansen, Catherin, Anette Buyken, Julia Depa, und Anja Kroke. 2020. Ernährung in der Schule: Zwischen administrativen Zuständigkeiten und strukturellen Rahmenbedingungen. *Ernahrungs Umschau* 67 (1): 18–25. https://doi.org/10.4455/eu.2020.007.

Janson, Matthias. 2022. Beschäftigtenschwund in Gastro- und Hotelbranche. https://de.statista.com/infografik/26827/beschaeftigte-im-bereich-gastronomie-und-hotellerie/.

KBH Madhus. 2023. We are Copenhagen House of Food. Abgerufen am 30.06.2023. https://kbh-madhus.webflow.io/english/aboutus.

Kirst, Ev, Daniel J. Lang, Harald Heinrichs, und Jule Plawitzki. 2019. Kommunalspezifische Nachhaltigkeitssteuerung: Erfahrungen und Empfehlungen. *GAIA – Ecological Perspectives for Science and Society* 28 (2): 151–159. https://doi.org/10.14512/gaia.28.2.14.

Kopatz, Michael. 2021. *Wirtschaft ist mehr!: Wachstumsstrategien für nachhaltige Geschäftsmodelle in der Region. Das Buch zur »Wirtschaftsförderung 4.0«.* München: Oekom Verlag.

Küblböck, Stefan, und Marcel Standar. 2016. Fachkräftemangel im Gastgewerbe. *Zeitschrift für Tourismuswissenschaft* 8 (2): 285–317. https://doi.org/10.1515/tw-2016-0021.

Kunze, Stefanie, und Arne Offermanns. 2016. *Mythos Businessplan: Vom blinden Glauben an ein einzelnes Instrument und möglichen Alternativen:* Gabler.

Li, Feng. 2020. The digital transformation of business models in the creative industries: A holistic framework and emerging trends. *Technovation* 92-93:102012. https://doi.org/10.1016/j.technovation.2017.12.004.

Libbe, Jens, Stefanie Hanke, und Maic Verbücheln. 2011. Rekommunalisierung. Eine Bestandsaufnahme. *1864–2853.*

Lüdeke-Freund, Florian, Stefan Gold, und Nancy M. P. Bocken. 2019. A Review and Typology of Circular Economy Business Model Patterns. *Journal of Industrial Ecology* 23 (1): 36–61. https://doi.org/10.1111/jiec.12763.

Luederitz, Christopher, Niko Schäpke, Arnim Wiek, Daniel J. Lang und Matthias Bergmann, et al. 2017. Learning through evaluation – A tentative evaluative scheme for sustainability transition experiments. *Journal of Cleaner Production* 169:61–76. https://doi.org/10.1016/j.jclepro.2016.09.005.

Magretta, Joan. 2002. Why Business Models Matter. *Harvard Business Review* 80 (5): 86–92.

Massa, Lorenzo, Christopher L. Tucci, und Allan Afuah. 2017. A Critical Assessment of Business Model Research. *Academy of Management Annals* 11 (1): 73–104. https://doi.org/10.5465/annals.2014.0072.

Neu, Claudia. 2009. Daseinsvorsorge – eine Einführung. In *Daseinsvorsorge: Eine gesellschaftswissenschaftliche Annäherung*, Hrsg. Claudia Neu, 9–19. Wiesbaden: VS Verlag für Sozialwissenschaften.

Nölle, Marie. 2016. Nachhaltigkeitsbezogene Weiterbildungen im Berufsfeld Ernährung und Hauswirtschaft – ein Überblick zu Angebot und Bedarf. *Haushalt in Bildung und Forschung* 5 (1): 19–20. https://doi.org/10.3224/hibifo.v5i1.22278.

Osterwalder, Alexander, und Yves Pigneur. 2011. *Business Model Generation: Ein Handbuch für Visionäre, Spielveränderer und Herausforderer.* Frankfurt/New York: Campus Verlag.

Pfefferle, Holger, Stephane Hagsphil, und Kerstin Clausen. 2021. Gemeinschaftsverpflegung in Deutschland: Stellenwert und Strukturen. *Ernahrungs Umschau* (8): M470–M483.

Preußer, Christian. 2018. Apetito erwägt Klage gegen die Stadt Freiburg. Abgerufen am 02.07.2023. https://www.food-service.de/maerkte/news/schulessen-apetito-erwaegt-klage-gegen-die-stadt-freiburg-41281.

Redman, Aaron, und Arnim Wiek. 2021. Competencies for Advancing Transformations Towards Sustainability. *Frontiers in Education* 6:484. https://doi.org/10.3389/feduc.2021.785163.

Richardson, James. 2008. The business model: an integrative framework for strategy execution. *Strategic Change* 17 (5-6): 133–144. https://doi.org/10.1002/jsc.821.

Ritter, Martin, und Heiner Schanz. 2019. The sharing economy: A comprehensive business model framework. *Journal of Cleaner Production* 213:320–331. https://doi.org/10.1016/j.jclepro.2018.12.154.

Röber, Manfred. 2018. Rekommunalisierung. In *Handbuch Staat*, Hrsg. Rüdiger Voigt, 1193–1201. Wiesbaden: Vieweg.

Sass, Enrico. 2019. Was ein Arbeitgeber neben dem Gehalt fördern sollte. In *Mitarbeitermotivation, Mitarbeiterbindung: Was erwarten Arbeitnehmer?*, Hrsg. Enrico Sass, 39–50. Wiesbaden: Springer Fachmedien Wiesbaden.

Schanz, Heiner, Michael Pregernig, Jana Baldy, David Sipple, und Sylvia Kruse. 2020. Kommunen gestalten Ernährung: neue Handlungsfelder nachhaltiger Stadtentwicklung. DStGB Dokumentation, 2020, Nr. 153. Deutscher Städte- und Gemeindebund, Berlin. https://doi.org/10.6094/UNIFR/154838

Schanz, Heiner, und David Sipple. 2023. Ernährung als Aufgabe der kommunalen Daseinsvorsorge? In *Nachhaltige Gestaltung von lokalen Ernährungssystemen durch Kommunalpolitik und -verwaltung*, Hrsg. David Sipple, Arnim Wiek und Heiner Schanz: Springer.

Schröder, Sophia, Arnim Wiek, Steffen Farny, und Philip Luthardt. 2022. Toward holistic corporate sustainability—Developing employees' action competence for sustainability in small and medium-sized enterprises through training. *Business Strategy and the Environment*. https://doi.org/10.1002/bse.3210.

Schütz, Anna. 2016. Das Mittagessen in der Ganztagsschule–eine schultheoretische Auseinandersetzung mit dem Setting. In *Essen im Erziehungs- und Bildungsalltag*, Hrsg. Vicki Täubig, 169–189. Weinheim: Beltz Juventa.

Schütz, Anna, und Vicki Täubig. 2020. Mittagessen. In *Handbuch Ganztagsbildung*, 2. Aufl., Hrsg. Petra Bollweg, 1033–1043. Wiesbaden: Springer VS.

Schwarting, Gunnar. 2021. Rekommunalisierung – Privatisierung im Rückspiegel. In *Brennpunkte der Kommunalpolitik in Deutschland*, 275–294. Brennpunkte der Kommunalpolitik in Deutschland. Baden-Baden: Nomos. https://doi.org/10.5771/9783748920939-275.

Sipple, David, und Arnim Wiek. 2023. Kommunale Instrumente zur Stärkung der nachhaltigen Ernährungswirtschaft. Hg. v. Universität Freiburg. Institut für Umweltsozialwissenschaften und Geographie. https://doi.org/10.6094/UNIFR/235345

Sipple, David, und Heiner Schanz. 2021. Hebelpunkte lokaler Ökonomien. Der Betriebsrückgang im lokalen Lebensmittelhandwerk aus systemischer Perspektive. *Raumforschung und Raumordnung | Spatial Research and Planning* 79 (1): 58–72. https://doi.org/10.14512/rur.33.

Sipple, David, und Heiner Schanz. 2023. Hebelpunkte der Kommunalpolitik und -verwaltung zur nachhaltigen Gestaltung lokaler Ernährungssysteme. In *Nachhaltige Ge-*

staltung von lokalen Ernährungssystemen durch Kommunalpolitik und -verwaltung, Hrsg. David Sipple, Arnim Wiek und Heiner Schanz: Springer.

Smith, Julie, Gunilla Andersson, Robin Gourlay, Sandra Karner, Bent Egberg Mikkelsen und Roberta Sonnino, et al. 2016. Balancing competing policy demands: the case of sustainable public sector food procurement. Journal of Cleaner Production 112:249–256. https://doi.org/10.1016/j.jclepro.2015.07.065.

Stadt Darmstadt. 2020. Seit fünf Jahren versorgt der EAD Kindergärten und Schulen mit warmem Mittagessen. Abgerufen am 02.07.2023. https://www.darmstadt.de/nachrichten/darmstadt-aktuell/news/seit-fuenf-jahren-versorgt-der-ead-kindergaerten-und-schulen-mit-warmem-mittagessen.

Steinmeier, Fara, und Julia Kastrup. 2022. Aus- und Weiterbildung in der Gemeinschaftsverpflegung – eine Bestandsaufnahme zu und Analyse von Angeboten und deren Nachfrage. *Haushalt in Bildung und Forschung* 11 (3): 79–95. https://doi.org/10.3224/hibifo.v11i3.06.

Strittmatter, Kai. 2021. Wie ein Vorbild für Europa pleite ging. *Süddeutsche Zeitung*, 1. Juni.

Tecklenburg, Ernestine, Ulrike Arens-Azevêdo, Heike Papenheim-Tockhorn, Lara Belke, und Stephanie Klein. 2019. Studie zu Kosten-und Preisstrukturen in der Schulverpflegung (KuPS). *Abschlussbericht*, Hrsg. v. Deutsche Gesellschaft für Ernährung e. V. (DGE). Abgerufen am 30. Dezember 2019. https://www.dge.de/fileadmin/dok/dge/projekte/KuPS-Studie-Abschlussbericht.pdf

Teece, David J. 2010. Business Models, Business Strategy and Innovation. *Long Range Planning* 43 (2-3): 172–194. https://doi.org/10.1016/j.lrp.2009.07.003.

Tillack, Désriée, und Lorenz Hornbostel. 2023. Kommunale Resilienz als Innovationsmotor und Garant künftiger Daseinsvorsorge. In *Resilienz: Leben – Räume – Technik*, Hrsg. Volker Wittpahl, 83–98: Springer Vieweg, Berlin, Heidelberg.

van Werven, Ruben, Onno Bouwmeester, und Joep P. Cornelissen. 2019. Pitching a business idea to investors: How new venture founders use micro-level rhetoric to achieve narrative plausibility and resonance. *International Small Business Journal: Researching Entrepreneurship* 37 (3).

Verband Kommunaler Unternehmen e. V. (VKU). 2017a. Die Antworten kommunaler Unternehmen auf Fragen der Lebensqualität. Umwelt, Naturschutz, Verbraucherschutz, Landwirtschaft. Abgerufen am 30. Dezember 2023. https://www.vku.de/fileadmin/user_upload/Verbandsseite/Positionen/Allgemein/170213_VKU-Position_LebensqualitNt.pdf

Verband Kommunaler Unternehmen e. V. (VKU). 2017b. Regional. Verlässlich. Nachhaltig. Der grundsätzliche Wert kommunaler Unternehmen auf den Punkt gebracht. Abgerufen am 30. Dezember 2023. https://www.vku.de/fileadmin/user_upload/Verbandsseite/Positionen/Allgemein/170621_VKU-Position_Leistungsbilanz_Kommunale.pdf

Wagner, Daniela. 2015. Gastronomie und Culinary Tourism. In *Forschungsfeld Gastronomie: Grundlagen – Einstellungen – Konsumenten*, Hrsg. Klaus-Peter Fritz und Daniela Wagner, 87–98. Wiesbaden: Springer Fachmedien Wiesbaden.

Waskow, Frank, und Linda Niepagenkemper. 2020. Ausschreibungen zur Beschaffung abfallarmer, nachhaltiger Schulverpflegung. In *Studie zu den Ergebnissen der bundesweiten Befragungen von Schulträgern und Verpflegungsanbietern und Handlungsempfehlungen zur Weiterentwicklung von Schulverpflegung*, Hrsg. v. Verbraucherzentrale NRW. Abgerufen am 30. Dezember 2023. https://refowas.de/images/VZNRW/Befragungsergebnisse_Ausschreibung_Schulverpflegung.pdf

Wiek, Arnim, David Sipple, Sebastian Pomm, Michael Krumböck, und Hans-Jörg Henle. 2023. Integration von Instrumenten der Kommunalpolitik und -verwaltung zur nachhaltigen Entwicklung der lokalen Ernährungswirtschaft: Beispiele aus Leipzig und Leutkirch. In *Nachhaltige Gestaltung von lokalen Ernährungssystemen durch Kommunalpolitik und -verwaltung*, Hrsg. David Sipple, Arnim Wiek und Heiner Schanz: Springer.

Wirtz, Bernd W. 2020. Implementation of Business Models. In *Business Model Management*, Hrsg. Wirtz und Torregrosa, 207–216. [S.l.]: Springer International Publishing.

Perspektiven der nachhaltigen Gestaltung des lokalen Ernährungssystems durch Kommunalpolitik und -verwaltung

David Sipple, Arnim Wiek und Heiner Schanz

Zusammenfassung

Kommunalpolitik und -verwaltung wenden sich vermehrt der nachhaltigen Gestaltung des lokalen Ernährungssystems und der lokalen Ernährungswirtschaft zu. In diesem Kapitel geht es darum, die geschichtliche Entwicklung dahinter zu skizzieren und zusammenfassend die Frage zu beantworten, welche Spielräume und Instrumente dafür gegenwärtig zur Verfügung stehen. Abschließend wird der weitere Handlungs- und Forschungsbedarf aufgezeigt.

D. Sipple (✉) · A. Wiek · H. Schanz
Universität Freiburg, Freiburg, Deutschland
E-Mail: david.sipple@vwl.uni-freiburg.de

A. Wiek
E-Mail: arnim.wiek@vwl.uni-freiburg.de

H. Schanz
E-Mail: heiner.schanz@envgov.uni-freiburg.de

© Der/die Autor(en) 2024
D. Sipple et al. (Hrsg.), *Nachhaltige Gestaltung von lokalen Ernährungssystemen durch Kommunalpolitik und -verwaltung,* Stadtforschung aktuell, https://doi.org/10.1007/978-3-658-42720-7_6

1   Rückblick: Ernährung wird zum Thema nachhaltiger Kommunalpolitik

Mitte des 20. Jahrhunderts verlor die Lebensmittelversorgung von Städten und Gemeinden des globalen Nordens politisch an Bedeutung. Dies erfolgte aus der Überzeugung, dass die industrialisierte Land- und Ernährungswirtschaft mit einhergehender Globalisierung eine stabile Lebensmittelversorgung gewährleisten könne. Erst mit Beginn des 21. Jahrhunderts wurde die räumliche Loslösung zwischen Lebensmittelproduktion und -verarbeitung einerseits und Lebensmittelkonsum andererseits deutlich kritischer betrachtet und zunehmend politisch bedeutsam (Morgan 2009; Ermann 2018; Montanari 1995; Viljoen und Wiskerke 2012). Seither ist es zu einer Reihe weiterer nachteiliger Entwicklungen gekommen, u. a. die auf hohem Niveau stagnierende globale Ernährungsunsicherheit, die Zunahme von ernährungsbezogenen Landnutzungskonflikten und die negativen Auswirkungen des Klimawandels auf Agrar- und Ernährungssysteme (Morgan 2009; Rotz und Fraser 2015). Diese unnachhaltigen Entwicklungen haben mittlerweile dazu geführt, dass Ernährungsthemen in Kommunalpolitik und -verwaltung vermehrt Aufmerksamkeit geschenkt wird.

Schon in den 1980er Jahren gründeten sich in Städten und Gemeinden in den USA und Canada „Food Policy Councils", auf Deutsch „Ernährungsräte" (Harper et al. 2009). Diese entstanden aus informellen Initiativen und setzten sich für Ernährungsthemen in der Kommunalentwicklung ein (Pothukuchi und Kaufman 1999). Dabei ging es zunächst um soziale Belange, wie den flächendeckenden Zugang der Bevölkerung zu gesunden Nahrungsmitteln. Bald kamen Themen der ökologischen Landwirtschaft und der Ernährungsbildung hinzu. In den späten 1990er Jahren erfolgten die ersten Gründungen von Ernährungsräten in Europa, zunächst in Großbritannien (Sieveking und Schomerus 2020).

In Deutschland wurden bald darauf erste Überlegungen zur „Ernährungswende" hin zu Nachhaltigkeit, analog zu „Energiewende" und „Mobilitätswende", angestellt (Eberle et al. 2006). Die Verantwortung von Kommunalpolitik und -verwaltung für die Nahrungsmittelversorgung beschränkte sich damals auf die Rolle von Städten als Schulträger sowie auf gesundheitliche Aspekte. Dabei wurde bereits für ein „neues Selbstverständnis von gesellschaftlicher Ernährungsverantwortung" plädiert, welches „durch entsprechende Strukturen institutionell getragen, finanziert und öffentlich kommuniziert werden muss" (Simshäuser 2005, S. 22). Die Forderungen gingen schon über die Schulverpflegung hinaus und betrafen die Verantwortung für nachhaltige Ernährung und Gesundheit in allen öffentlichen Einrichtungen der Außer-Haus-Verpflegung. Jedoch wurde betont, dass Ernährung ein privates Thema sei und staatliche Eingriffe, etwa durch Steuer- oder Verbotsinstrumente, die Gefahr mit sich bringen könnten, zu stark in die individuelle Freiheit einzugreifen (BMEL 2016; Wiese und Rumberg 2021).

Die ersten Ernährungsräte gründeten sich dann in Köln und Berlin im Jahr 2016 (Galda 2017; Sieveking und Schomerus 2020; Thurn 2020). Es folgten weitere Gründungen, teilweise auch unter Beteiligung der Kommunalpolitik und -verwaltung (Sieveking und Schomerus 2020). Heute (2023) existieren in Deutschland 31 Ernährungsräte und 32 sind in Vorbereitung (Netzwerk der Ernährungsräte 2023). Die ersten Städte und Gemeinden begannen in den 2010er Jahren ihr Engagement im Ernährungsbereich, z. B. durch die Unterzeichnung des „Milan Urban Food Policy Pacts" (Milan Urban Food Policy Pact 2023), die Mitgliedschaft im Netzwerk der „Bio-Städte" (Fülles et al. 2017) und die Zertifizierung als „Fairtrade-Städte" (Fairtrade Deutschland e. V. 2022; Gmeiner et al. 2021). Heute beteiligen sich immer mehr Städte und Gemeinden aktiv an Ernährungsräten durch Mitarbeit von städtischem Personal, Kofinanzierung von Geschäftsstellen oder Projekten, z. B. die partizipative Erarbeitung von „Ernährungsstrategien" (Heuser und Bommert 2019; Heuser et al. 2015; Moragues et al. 2013). Auch die Forschung arbeitet nun vermehrt zu der Frage, wie sich Ernährungssysteme in Deutschland auf lokaler Ebene transformieren lassen, z. B. in den Projekten nascent (Antoni-Komar et al. 2019), TransfErn (Schrode et al. 2019), STERN (Hanke et al. 2022), KERNiG (Schanz et al. 2020) und WERTvoll (Projekt WERTvoll 2023).

Vor dem Hintergrund der geschilderten Entwicklungen stellt sich die Frage, über welche Handlungsspielräume und Instrumente die Kommunalpolitik und -verwaltung heute in Deutschland verfügen, um lokale Ernährungssysteme nachhaltig zu gestalten.

2 Die Rolle von Kommunalpolitik und -verwaltung bei der nachhaltigen Gestaltung des lokalen Ernährungssystems – Befunde aus verschiedenen Perspektiven

Um zusammenfassend abzustecken, wie Kommunalpolitik und -verwaltung zur nachhaltigen Gestaltung des lokalen Ernährungssystems beitragen können, verbinden wir politisch-rechtliche (Schanz und Sipple 2023), systemische (Sipple und Schanz 2021), steuernde (Sipple et al. 2023b), integrative (Wiek et al. 2023) und unternehmerische (Sipple et al. 2023a) Perspektiven.

Kommunalverwaltungen in Deutschland dürfen und sind möglicherweise sogar verpflichtet, im Zuge ihrer verfassungsrechtlichen Aufgabe zur kommunalen Daseinsvorsorge ernährungsrelevante Themen zu adressieren (Schanz und Sipple 2023). Besonders aus dem Versagen der gängigen Marktmechanismen hinsichtlich verlässlicher Versorgung (u. a. Lieferkettenengpässe durch Krisen, Katastrophen und/oder strukturellen Wandel), gerechter Verteilung (u. a. Zugang zu gesunden Lebensmitteln in strukturschwachen Regionen), und klimaschonender Produktion und Verarbeitung (u. a. Externalisierungen) leitet sich eine solche Forderung ab.

Um dieser Forderung nachzukommen, bedarf es der Bestimmung von Interventionspunkten, welche durch die Modellierung des lokalen Ernährungssystems erfolgen kann (Sipple und Schanz 2023). Zwei Interventionspunkte versprechen große Wirksamkeit für die nachhaltige Gestaltung des lokalen Ernährungssystems durch die Kommune: kommunale *Bildungspolitik* und kommunale *Wirtschaftspolitik*. Über die Ansteuerung dieser Hebelpunkte können Wirkmechanismen auf zentrale Aspekte des lokalen Ernährungssystems (z. B. Ernährungswahrnehmung, Ernährungswissen, Ernährungsgewohnheiten) ausgelöst werden.

Sind solche Interventionspunkte identifiziert, bedarf es der gezielten Anwendung geeigneter kommunaler Instrumente, u. a. zur nachhaltigen Gestaltung der lokalen Ernährungswirtschaft (Sipple et al. 2023b). Solche Instrumente wurden bisher in der Literatur zwar behandelt, aber nicht umfassend und anwendungsorientiert aufbereitet. Ein kürzlich veröffentlichter Leitfaden schließt diese Lücke und stellt 15 regulatorische, ökonomische, kooperative und informative Instrumente für Kommunen in Deutschland systematisch und praxisnah dar (Sipple und Wiek 2023).

Während viele Städte und Gemeinden erste Erfahrungen mit der Anwendung einzelner Instrumente gesammelt haben, gibt es auch Städte, wie die Großstadt Leipzig und die Mittelstadt Leutkirch im Allgäu, welche bereits integrative Ansätze verfolgen (Wiek et al. 2023). Solche Ansätze zeichnen sich durch umfassende und verbindliche Ziele, ausreichende finanzielle und personelle Ausstattung, sowie eine breite Anwendung von Instrumenten aus.

Aus dem Spektrum verfügbarer Instrumente sticht der Betrieb kommunaler Unternehmen der Ernährungswirtschaft als wirksames Instrument zur Sicherung der kommunalen Daseinsvorsorge im Ernährungsbereich heraus (Sipple et al. 2023a). Solche Betriebe können auch zur Verstetigung und zur langfristigen institutionellen Etablierung nachhaltiger Ernährungspolitik in Kommunalpolitik und -verwaltung beitragen.

3 Handlungs- und Forschungsbedarf

Zusammenfassend lässt sich festhalten, dass es Kommunalpolitik und -verwaltung zusteht, Ernährung als Teil der kommunalen Daseinsvorsorge zu adressieren, und ein Spielraum für die kommunale Gestaltung des lokalen Ernährungssystems besteht. Dieser ergibt sich daraus, dass Kommunen: 1) über die zentralen Hebelpunkte der Bildungspolitik und der Wirtschaftspolitik nachhaltige Wirkungen auf das lokale Ernährungssystem erzielen können; 2) ein Spektrum an kommunalen Instrumenten zur Gestaltung der lokalen nachhaltigen Ernährungswirtschaft zur Anwendung bereitsteht; 3) integrative Ansätze der Instrumentenanwendung vielversprechend sind; und 4) kommunale Lebensmittelunternehmen ein potentes Instrument der nachhaltigen Gestaltung des lokalen Ernährungssystems darstellen.

Während sich Kommunen in ganz Deutschland vermehrt diesen Aufgaben zu stellen beginnen, kämpfen viele von ihnen dabei mit einer Reihe von Herausforderungen. Neben der bestehenden Fülle an anderen kommunalen Aufgaben (Energie, Mobilität, Migration, etc.) fehlt es vielen Kommunen an klaren politischen Zielstellungen, kompetentem Fachpersonal, welches die Instrumente effizient anwenden und integrieren kann, sowie an finanziellen Mitteln zur Ausstattung und Koordination von Programmen. Kommunen können diese Herausforderungen bewältigen, indem sie die Gestaltung der lokalen Ernährungssysteme ‚professionalisieren'. Dies geschieht durch politische Führungsverantwortung, gezielte Rekrutierung, integrative Ansätze, umsichtige Programminvestitionen (auch für Infrastrukturen), Wirksamkeitsevaluationen, sowie kooperative Partnerschaften, welche Räume für Innovation und Verantwortungsübernahme durch Wirtschaft und Zivilgesellschaft eröffnet.

Die Wissenschaft kann die Kommunen in diesen Bestrebungen unterstützen, indem sie sich des bestehenden Forschungsbedarfs annimmt. Zuallererst muss es darum gehen, zuverlässige Datenlagen zu schaffen. Während lokale Ernährungssysteme und die lokale Ernährungswirtschaft allgegenwärtig sind, bleiben systematische Erfassungen zentraler Aspekte durch regelmäßige und verlässliche Erhebungen, z. B. der statistischen Ämter, eher die Ausnahme als die Regel. Von Basisdaten zu Lebensmittelunternehmen und Lieferketten bis hin zur Erhebung relevanter Nachhaltigkeitsindikatoren müssen neue Strukturen zur flächendeckenden kommunalen Datenerhebung geschaffen werden. Nur so lassen sich praxisrelevante Forschungen durchführen und evidenzbasierte Kommunalpolitik zur nachhaltigen Gestaltung von lokalen Ernährungssystemen etablieren.

Zudem bedarf es neben deskriptiv-analytischer Forschung deutlich weiter-reichender Studien, welche die *nachhaltige Zukunft* kommunaler Ernährungs-systeme durch partizipativ erarbeitete Visionen und Handlungspläne aktiv mit-gestalten (McGreevy et al. 2022). Hier bedarf es vermehrter Anstrengungen zur Vermittlung und Anwendung von transdisziplinären und lösungsorientierten For-schungsmethoden der Nachhaltigkeitswissenschaften (Lang et al. 2012; Wiek und Lang 2016; Lang und Wiek 2022). Transformative und experimentelle Studien können in enger Zusammenarbeit mit Kommunalpolitik und -verwaltung gezielte Interventionen erarbeiten und (probeweise) durchführen, z. B. zu spezifischen Instrumenten wie den kommunalen Unternehmen. Begleitende Evaluationen sol-cher praxisnahen Interventionen, welche evidenzbasiert sind, tragen ihrerseits zur Evidenzgenerierung bei (Duflo und Takavarasha 2010; Luederitz et al. 2017). Damit wird die notwendige Wissensbasis für Transfers und Skalierungen geschaf-fen, welche Nachhaltigkeitstransformationen weit über die Gemeindegrenzen und auch über die Belange der Ernährung hinaus unterstützen.

Literatur

Antoni-Komar, Irene, Cordula Kropp, Niko Paech, und Reinhard Pfriem (Hrsg.). 2019. *Transformative Unternehmen und die Wende in der Ernährungswirtschaft.* Marburg: Metropolis-Verlag.

BMEL (Bundesministerium für Ernährung und Landwirtschaft). 2016. Deutschland, wie es isst. Der BMEL-Ernährungsreport. Bundesministerium für Ernährung und Landwirt-schaft (BMEL). Abgerufen am 08. Juni 2023. https://www.bmel.de/SharedDocs/Down-loads/DE/Broschueren/Ernaehrungsreport2016.html.

Duflo, Esther und Kudzai Takavarasha. 2010. Social science and policy design. In World Social Science Report, 2010, Hrsg. UNESCO, International Social Science Council. Abgerufen am 30. Juni 2023. https://unesdoc.unesco.org/ark:/48223/pf0000211832

Eberle, Ulrike, Doris Hayn, Regine Rehaag, und Ulla Simshäuser. 2006. *Ernährungs-wende: Eine Herausforderung für Politik, Unternehmen und Gesellschaft.* München: Oekom Verlag.

Ermann, Ulrich. 2018. *Agro-food studies: Eine Einführung.* Köln, Weimar, Wien: Böhlau.

Fairtrade Deutschland e. V. 2022. Über die Kampagne.: Fairtrade-Towns fördern gezielt den fairen Handel auf kommunaler Ebene. Abgerufen am 08. Juni 2023. https://www.fairtrade-towns.de/kampagne.

Fülles, Melanie, Rainer Roehl, Carola Strassner, Andreas Hermann, und Jenny Teufel. 2017. Mehr Bio in Kommunen: Ein Praxisleitfaden des Netzwerks deutscher Biostädte. Abgerufen am 08. Juni 2023. https://www.biostaedte.de/images/pdf/leitfaden_V4_ver-linkt.pdf.

Galda, Anna. 2017. Ernährungssystemplanung in Deutschland. Technische Universität Ber-lin. https://doi.org/10.14279/depositonce-5731.

Gmeiner, Edith, Lisa Herrmann, und Michaela Reithinger. 2021. Fairer Handel als Priorität – Wie die Kampagne „Fairtrade-Towns" zur Umsetzung der Nachhaltigkeitsziele beiträgt. In *Nachhaltiger Konsum: Best Practices aus Wissenschaft, Unternehmenspraxis, Gesellschaft, Verwaltung und Politik*, Hrsg. Wanja Wellbrock und Daniela Ludin, 237–250. Wiesbaden: Springer Fachmedien Wiesbaden.

Hanke, Gerolf, Friedhelm von Mehring, und Stephanie Wunder. 2022. Politische Strategien für eine nachhaltigkeitsförderliche Regionalisierung von Ernährungssystemen. Diskussionspapier für den gleichnamigen Workshop …: Diskussionspapier für den gleichnamigen Workshop am 4. Juli 2022. Abgerufen am 25. Mai 2023. https://www.stern-projekt.org/sites/default/files/2022-09/50029-STErn-Diskussionspapier-Politische-Massnahmen.pdf.

Harper, Alethea, Annie Shattuck, Eric Holt-Giménez, Alison Alkon, und Frances Lambrick. 2009. *Food Policy Councils: Lessons learned.*

Heuser, Alessa, Christine Pohl, Jan Urhahn, und Sarah Buron. 2015. Unser Essen mitgestalten! Ein Handbuch zum Ernährungsrat. Hrsg. v. INKOTA-netzwerk e. V. Abgerufen am 30. Dezember 2023. https://ernaehrungsraete.org/wp-content/uploads/2018/11/Unser-Essen-Mitgestalten.pdf

Heuser, Alessa und Wilfried Bommert. 2019. Ernährungswende jetzt! Ein Beratungsmodul für Ernährungsräte. Abgerufen am 30.12.2023. https://institut-fuer-welternaehrung.org/wp-content/uploads/2020/01/Beratungsmodul-fu%CC%88r-Erna%CC%88hrungsra%CC%88te-Institut-fu%CC%88r-Welterna%CC%88hrung.pdf

Lang, Daniel J., Arnim Wiek, Matthias Bergmann, Michael Stauffacher und Pim Martens, et al. 2012. Transdisciplinary research in sustainability science: practice, principles, and challenges. Sustainability Science 7 (S1): 25–43. https://doi.org/10.1007/s11625-011-0149-x.

Lang, Daniel J., und Arnim Wiek. 2022. Structuring and advancing solution-oriented research for sustainability: This article belongs to Ambio's 50th Anniversary Collection. Theme: Solutions-oriented research. Ambio 51 (1): 31–35. https://doi.org/10.1007/s13280-021-01537-7.

Luederitz, Christopher, Niko Schäpke, Arnim Wiek, Daniel J. Lang und Matthias Bergmann, et al. 2017. Learning through evaluation – A tentative evaluative scheme for sustainability transition experiments. Journal of Cleaner Production 169:61–76. https://doi.org/10.1016/j.jclepro.2016.09.005.

McGreevy, Steven R., Christoph D. D. Rupprecht, Daniel Niles, Arnim Wiek und Michael Carolan, et al. 2022. Sustainable agrifood systems for a post-growth world. Nature Sustainability 5 (12): 1011–1017. https://doi.org/10.1038/s41893-022-00933-5.

Milan Urban Food Policy Pact. 2023. Milan Urban Food Policy Pact: How it works. Abgerufen am 08. Juni 2023. https://www.milanurbanfoodpolicypact.org/the-milan-pact/.

Montanari, Massimo. 1995. *Der Hunger und der Überfluß: Kulturgeschichte der Ernährung in Europa: Kulturgeschichte der Ernährung in Europa*, 2. Aufl. München: Beck.

Moragues, A., K. Morgan, H. Moschitz, I. Neimane, H. Nilsson und M. Pinto, et al. 2013. *Urban Food Strategies. The rough guide to sustainable food systems.*

Morgan, Kevin. 2009. Feeding the City: The Challenge of Urban Food Planning. *International Planning Studies* 14 (4): 341–348. https://doi.org/10.1080/13563471003642852.

Netzwerk der Ernährungsräte. 2023. Das Netzwerk: Wo gibt es bereits einen Ernährungs-rat? Abgerufen am 08. Juni 2023. https://ernaehrungsraete.org/.

Pothukuchi, Kameshwari, und Jerome L. Kaufman. 1999. Placing the food system on the urban agenda: The role of municipal institutions in food systems planning. *Agriculture and Human Values* 16 (2): 213–224. https://doi.org/10.1023/A:1007558805953.

Projekt WERTvoll. 2023. Unser Ziel: Eine WERTvolle Region, in der Wertschöpfung und Umwelt im Einklang sind. Abgerufen am 25. Mai 2023. https://wertvoll.stoffstrom.org.

Rotz, Sarah, und Evan Fraser. 2015. Resilience and the industrial food system: analyzing the impacts of agricultural industrialization on food system vulnerability. *Journal of Environmental Studies and Sciences* 5 (3): 459–473.

Schanz, Heiner, Pregernig, Michael, Baldy, Jana, Sipple, David, und Sylvia Kruse. 2020. Kommunen gestalten Ernährung: neue Handlungsfelder nachhaltiger Stadtentwicklung. DStGB Dokumentation, 2020, Nr. 153. Deutscher Städte- und Gemeindebund, Berlin. https://doi.org/10.6094/UNIFR/154838.

Schanz, Heiner, und David Sipple. 2023. Ernährung als Aufgabe der kommunalen Daseinsvorsorge? In *Nachhaltige Gestaltung von lokalen Ernährungssystemen durch Kommunalpolitik und -verwaltung*, Hrsg. David Sipple, Arnim Wiek und Heiner Schanz: Springer.

Schrode, Alexander, Lucia Maria Mueller, Antje Wilke, Lukas Paul Fesenfeld und Johanna Ernst, et al. 2019. *Transformation des Ernährungssystems: Grundlagen und Perspektiven:* Umweltbundesamt.

Sieveking, Annelie, und Thomas Schomerus. 2020. Beiräte als Instrument einer Ernährungswende – Die Etablierung von Ernährungsräten in Deutschland. *Natur und Recht* 42 (10): 680–686. https://doi.org/10.1007/s10357-020-3748-4.

Simshäuser, Ulla. 2005. Forschung für eine Ernährungswende. *Ökologisches Wirtschaften – Fachzeitschrift* 20 (1). https://doi.org/10.14512/oew.v20i1.371.

Sipple, David, und Arnim Wiek. 2023. Kommunale Instrumente zur Stärkung der nachhaltigen Ernährungswirtschaft. Hg. v. Universität Freiburg. Institut für Umweltsozialwissenschaften und Geographie. https://doi.org/10.6094/UNIFR/235345

Sipple, David, und Heiner Schanz. 2021. Hebelpunkte lokaler Ökonomien: Der Betriebsrückgang im lokalen Lebensmittelhandwerk aus systemischer Perspektive. *Raumforschung und Raumordnung | Spatial Research and Planning* 79 (1): 58–72. https://doi.org/10.14512/rur.33.

Sipple, David, und Heiner Schanz. 2023. Hebelpunkte der Kommunalpolitik und -verwaltung zur nachhaltigen Gestaltung lokaler Ernährungssysteme. In *Nachhaltige Gestaltung von lokalen Ernährungssystemen durch Kommunalpolitik und -verwaltung*, Hrsg. David Sipple, Arnim Wiek und Heiner Schanz: Springer.

Sipple, David, Heiner Schanz, und Martin Ritter. 2023a. Kommunale Unternehmen der Ernährungswirtschaft: Konzeptionelle Grundlagen am Beispiel des Geschäftsmodells der Kommunalen Ernährungsmeisterei. In *Nachhaltige Gestaltung von lokalen Ernährungssystemen durch Kommunalpolitik und -verwaltung*, Hrsg. David Sipple, Arnim Wiek und Heiner Schanz: Springer.

Sipple, David, Arnim Wiek, und Sophia McRae. 2023b. Steuerbarkeit des Ernährungssystems durch Kommunalpolitik und -verwaltung. In *Nachhaltige Gestaltung von lokalen Ernährungsytemen durch Kommunalpolitik und -verwaltung*, Hrsg. David Sipple, Arnim Wiek und Heiner Schanz: Springer.

Thurn, Valentin. 2020. Der Ernährungsrat Köln und Umgebung. In *Smart City – Made in Germany: Die Smart-City-Bewegung als Treiber einer gesellschaftlichen Transformation*, Hrsg. Chirine Etezadzadeh, 219–226. Wiesbaden: Springer Fachmedien Wiesbaden.

Viljoen, André, und Johannes S. C. Wiskerke. 2012. Chapter 1 Sustainable urban food provisioning: challenges for scientists, policymakers, planners and designers. In *Sustainable food planning: Evolving theory and practice*, Hrsg. André Viljoen und Johannes S. C. Wiskerke, 19–36. Wageningen: Wageningen Academic Publishers.

Wiek, Arnim, und Daniel J. Lang. 2016. Transformational Sustainability Research Methodology. In Sustainability Science, 31–41: Springer, Dordrecht. https://doi.org/10.1007/978-94-017-7242-6_3.

Wiek, Arnim, David Sipple, Sebastian Pomm, Michael Krumböck, und Hans-Jörg Henle. 2023. Integration von Instrumenten der Kommunalpolitik und -verwaltung zur nachhaltigen Entwicklung der lokalen Ernährungswirtschaft: Beispiele aus Leipzig und Leutkirch. In *Nachhaltige Gestaltung von lokalen Ernährungssystemen durch Kommunalpolitik und -verwaltung*, Hrsg. David Sipple, Arnim Wiek und Heiner Schanz: Springer.

Wiese, Esther, und Michael Rumberg. 2021. Regionale, resiliente Ernährungssysteme – am Beispiel der Region Freiburg. In *Nachhaltiger Konsum: Best Practices aus Wissenschaft, Unternehmenspraxis, Gesellschaft, Verwaltung und Politik*, Hrsg. Wanja Wellbrock und Daniela Ludin, 251–262. Wiesbaden: Springer Fachmedien Wiesbaden.

Printed by Printforce, the Netherlands